基金项目：湖南省哲学社会科学基金重点项目（项目编号：21ZDB003）；
中南大学“高端智库”项目（项目编号：2022znzk09）

环境设计伦理

朱力◎著

以环境设计伦理为研究重点

通过不同维度的思考和探索

提出不同主题在环境设计中的责任和义务

构建起环境设计伦理的研究体系

规范人居环境设计

中国建筑工业出版社

图书在版编目（CIP）数据

环境设计伦理 / 朱力著 . —北京：中国建筑工业出版社，2023.8
ISBN 978-7-112-29129-8

Ⅰ . ①环…　Ⅱ . ①朱…　Ⅲ . ①环境设计—伦理学—研究　Ⅳ . ① B82-058

中国国家版本馆 CIP 数据核字（2023）第 172195 号

本书以不同伦理维度审视城乡环境设计实践，不仅有助于规范人居环境的设计与建设，提高居住生活的品质，更有助于和谐社会的建设。环境设计伦理是以寻求“应然”的环境之善为目的。时下我国的城镇化在加速转型，人居环境建设在多个层面上仍面临与社会、自然之间的矛盾。同时，由于环境是一个具有多元层次与复杂尺度的系统，所以环境设计伦理的研究应从精神、社会、生态、审美、经济、行为等多重维度来进行系统性探讨。精神维度讨论人类思想文化观念对于环境设计伦理的影响；社会维度探讨外在的社会条件与人类居住方式的关系；生态维度从可持续与适宜技术等层面来协调人与自然之间的关系；审美维度探讨社会和谐美与环境生态美，以重塑友好型人居环境；经济维度则将视角转向环境设计的价值创造与所引导的消费观念；行为维度关注环境设计过程中不同利益主体在进行决策时所应遵循的责任与义务。由此建构起环境设计伦理的研究体系，提出了基于“差异承认”的环境设计伦理原则与实现路径。

本书适于环境设计、城乡规划、建筑设计等理论工作者及相关领域专业人员与行政主管人员阅读，同时可作为高等学校相关专业高年级学生的教学参考书。

责任编辑：唐　旭　张　华
责任校对：芦欣甜

环境设计伦理
朱力◎著
*
中国建筑工业出版社出版、发行（北京海淀三里河路 9 号）
各地新华书店、建筑书店经销
北京雅盈中佳图文设计公司制版
北京中科印刷有限公司印刷
*
开本：787 毫米 ×1092 毫米　1/16　印张：$11^3/_4$　字数：217 千字
2023 年 10 月第一版　2023 年 10 月第一次印刷
定价：58.00 元
ISBN 978-7-112-29129-8
（41865）

前　言

环境设计伦理可以说是一个古老而年轻的话题。中国传统环境营造就是一种关乎“伦理空间”的设计，诚如《黄帝宅经》所云：“夫宅者，乃是阴阳之枢纽，人伦之轨模。”中国人追求“技以载道”，总是将道德观念嵌入人居环境与造物活动中。

例如，我国古代的一种具有警示作用的盛水器皿“宥坐之器”。依注水的多少，此物“虚则攲，中则正，满则覆”。即全空时便倾斜，注水适中时就端正，如果注满水反而倾覆。古人用其鉴戒自我以保持谦恭。其既是我国古代道德物化思想的体现，也是“劝导式设计”的典范。再如，“物勒工名”制度是我国最早的设计问责制之一。工匠须将自己的名字刻在器物上，以便于日后质量核验与追责。在传统建筑砖瓦与梁柱上常可见设计者与制造者的籍贯与姓名，以及制作日期。此为规范设计责任伦理的实践机制。

近来，学界出现了一种“空间的转向”，被认为是20世纪中叶以来知识领域的重大事件之一。哲学的“空间伦理转向”以及社会批判的“空间转向”让学术走出形而上的命题研究。德里达、米勒、詹克斯等学者开始探讨具体的现实生活空间伦理问题，出现了一种摆脱虚无主义文本的空间哲学批评视角。同时，在社会学和政治学领域，福柯、列斐伏尔、杰姆逊、哈维、索亚等学者推动了社会批判的空间转向。福柯在《疯癫与文明》《事物的秩序》和《规训与惩罚》等著作中揭示出空间在公共生活与权力行使中的第一属性，将权力、知识、身体等话语划入到空间研究之中，把人与空间环境的关系提升至人类生存境遇的高度去审视。列斐伏尔在《空间的生产》中构建“三元辩证法”，将社会正义与空间问题勾连，辩证地探索社会生活的空间性以及空间的社会性。法兰克福学派从地理空间不平等的角度重新阐述了物化、权力、消费、工具理性等概念，全方位地拓展了空间伦理批判的思想体系。这些议题的空间转向成为环境设计伦理研究的理论基础，唤醒了环境设计师的社会责任，推动了对设计方案及其采用技术进行前瞻性价值分析、识别环境中善的价值并将其映射到设计活动中。

让·鲍德里亚认为当代是“消费的社会”，取代之前主要对“物”的使用，更多是对“符码”的消费。这些“符码”系统包含了各种拟像空间，与居伊·德波所批判的当代社会空间“奇观”构成了真伪二重性的景观社会。受资本权力掌控的媒体操弄，大众长期被动观看的“凝视”形成了“视觉投喂”的惯性，“规训”着人们的环境消费观念。主张通过“异轨”“漂移”等社会空间设计策略超越消费幻觉统治的当代“伪”环境。布迪厄认为超功利的文化艺术是不存在的，其揭示了环境审美“趣味”是被社会建构的阶层意识，指出了环境场域“区隔”是资本主义社会阶层对立的一种环境非正义表象。

当代资本权力是空间生成和消费过程中不平等现象的根源。每一次空间环境规划设计，实质是对空间权益的一次重新分配。环境设计是一种空间资源分配设计。

然而，空间处于不断生成的过程之中，合理的差异流动是促使环境发展的重要动力。罗尔斯提出“差异正义观”，强调最小受惠者的最大利益。艾丽斯·杨指出应尊重和承认处于不同空间的社会群体差异。索亚的“第三空间”理论则建立起以差异性为价值底蕴的空间正义观。环境设计也应关注社会弱势群体，秉承向最小受惠者“利益倾斜”的设计伦理原则。

另外，霍耐特、弗雷泽等批判了传统空间正义理论大多重视权益分配，忽视了承认有差别的平等，提出社会正义需立足于差异认同的质量，认为应建立一种同时容纳承认和再分配的“承认正义”的社会道德风尚。德兰提等还强调承认正义应考虑自然生态环境，尊重动植物及自然环境的基本存在权利。环境设计伦理也由劝导道德行为深入到对不同身份对象的价值承认等道德心理的引导。环境设计应是一种差异认同设计。

伴随着当代环境建设中越来越多的高新技术的运用，有关技术的道德问题也引起了学者们的高度重视。荷兰伦理学家维贝克继承了唐·伊德关于技术如何调节知觉经验的后现象学方法，聚焦设计伦理的实践性，主张公共善的价值在设计阶段就应嵌入到设计方案图纸中，以达到伦理引导作用。环境设计及其使用也应引导道德行为与态度，环境设计师应对设计及其技术工具保持价值自觉与敏感性。

现代设计运动的先驱“包豪斯设计学院”从成立之初，就具备强烈的社会责任使命感，主张设计应为普通大众服务，强调设计的伦理意识与社会价值。

维克多·帕帕奈克于 1970 年出版的《为真实的世界而设计》中首次提出“设计伦理”的概念，提倡为人的“需求”而不是“欲求”而设计，为人类与环境的未来可持续发展服务，强调设计的社会责任、生态环境责任及其与创新设计思维的共生。

概而言之，关于环境设计伦理的探讨，中外学者已达成共识：将“善的层次性特征”界定为环境设计意义履行的程度，提倡设计的社会价值是善与环境公平的程度。

环境设计是由哲学伦理学、设计学、空间社会学、艺术学、环境生态科学等相互融合的交叉性学科，研究范畴从宏观的空间规划到微观的人居环境室内空间，以及其家具陈设等。“环境设计”的概念最初由张绮曼教授提出，并率先在原中央工艺美术学院（现清华大学美术学院）组织创立世界上第一个环境设计系，开启了全球范围内相关学术研究热潮及其产业的蓬勃发展，是地地道道中国原创的学术智慧、本土学派。环境设计伦理的核心理念在于将环境生态意识与伦理价值嵌入空间设计，通过设计达到道德行为与态度的引导作用，并体现对人与环境终极关怀的伦理价值。

本书通过融合多学科知识，从六个维度建构基于“差异承认”正义的环境设计伦理研究框架，并梳理出了环境设计伦理的原则与方法。同时，致力于通过环境设计伦理意识的培育机制，严格相关设计从业者的“自律”，强化全社会的“互律”和“他律”，以此建立一个系统的环境设计伦理体系。

首先，环境设计伦理旨在协调精神、社会、生态、审美、经济、行为等多维度之间的关系。精神维度从人类共同的精神文化出发，探索哲学观念、人文思想、风俗文化等在环境空间组织逻辑等方面的伦理意蕴。社会维度探讨资本、权力、消费等因素对环境设计伦理的影响。生态维度从绿色、可持续性、低碳、适宜技术等层面，讨论人居环境设计与自然生态之间的伦理关系。审美维度提倡空间的真善美，探析环境设计的审美价值取向如何引导人类价值的自我实现。经济维度则致力于讨论如何在环境设计中创造价值与引导适度消费的观念。行为维度关注城乡环境营造过程中不同利益相关者在进行设计决策时所应遵循的责任与义务。

其次，在各个维度研究中总结了实现环境正义的设计伦理原则。第一，正义原则。重视间接利益相关者和弱势群体权益，反对“自利”和狭隘的功利主义设计，主张设计需为大多数人服务。第二，安全原则。注重人居环境功能安全、生态安全、文化安全和审美安全等，反对“恶”之设计。第三，责任原则。关注环境全生命周期中的伦理风险与责任分担，旨在对建成环境的后果及其未来负责。

再次，基于“差异承认”的视角，梳理出环境设计伦理的诸多实现方法。关注巴蒂亚·弗里德曼等学者提出的“价值敏感设计”，主张通过识别直接利益相关者和间接利益相关者的差异诉求，关注潜在的价值冲突。还有斯坦福大学的华格博士所提出的“劝导设计”（Persuasive Design），旨在设计中利用非强制性的劝导技术，引导环境使用者产生积极态度或道德行为。

另外，本书尝试构建了环境设计伦理意识培育的社会机制。第一，普及环境设计职业伦理规范的教育，强化广大设计从业人员的安全意识和伦理风险意识，提高行业“自律”水平。第二，积极培养设计师的道德想象力与价值敏感度，提高设计者对使用者及其自然环境的责任意识。第三，完善环境设计的技术标准，普及相关法律法规，严格把握设计审查流程，加强“他律”的监督机制。第四，提倡全社会参与的设计模式，维护全社会的公共权益，依靠“互律”提升环境的伦理品质。

目　录

第一章　概述

第一节　环境设计伦理问题的提出

一、现代人居环境发展所呈现的问题

当中国人民还沉浸在过去几十年飞速发展的经济形势所带来的生活质量以及消费水平的提高之时，我们似乎也逐渐习惯了越来越多的口罩与呼吸净化器；习惯了生活之中和煦的阳光以及晴朗天空的“隐匿”……当环境问题如悬顶之剑一般，压迫着我们的生存空间之时，关于社会发展与环境保护之间的矛盾，已经不再是一个遥不可及的宏大叙事，而是成了我们社会中每一个人如何能够继续生存下去的核心问题。因此，必须重新审视我们至关重要的生存要素——人类生存环境。

人类存活在世的过程中，为了能够更好地生存，创造了举世瞩目的文明与智慧的成果，这些成果遍及文化、经济、哲学、科技、社会、工程等领域，归根结底，这些都属于人类的社会历史活动。人的一切社会历史活动都是为了使人生存于自然中，通过这些历史实践，人类创造了有别于“第一自然”的“第二自然”——人为环境。从宏观的国家、区域，到中观的城市，再到微观的建筑景观以及室内空间，都属于经由人类改造之后的“第二自然”。人为环境的创造以及更新都以使人能够更加适应第一自然的条件为目的，换句话说，人为环境是人类所创造的用来更好地处理人与“第一自然”关系的实践产物。随着科技进步与文明程度的逐渐提高，人为环境显示出了以往任何时代都不曾拥有的现代化特点：①为了体现优越的现代化程度，各种大型都市举目可见。②热闹的核心商业区显示着现代文明所带来的经济繁荣。③各种超高层建筑鳞次栉比，彰显着人类文明征服地球重力的伟大成果。④飞机、高速铁路以及越来越普及的汽车用以往时代的人们难以置信的速度将人类带到这个星球上的任意一个角落。⑤通信技术的发达、网络信息技术的繁荣像一张大网将世界各地的人类文明相互联系、糅杂在一起。⑥由于科技的提升使得我们能够在现代化的人居环境空间中度过炎热的酷暑以及寒冷的严冬等。这些人为环境的发展成就都使我们自信于征服了第一自然，能够面对任何环境问题所出现的生存挑战，人类的前途一片光明，现代化的科学技术可以解决一切发展问题。

然而，这种以工具理性与技术自信为主旨的现代化文明也打开了“潘多拉的魔盒”：①环境的盲目发展以城市化水平来衡量，忽视了一系列因城市化蔓延所带来的后果。②工业化促使生产力得到了空前的解放，资本再生产随着社会经济的发展愈演愈烈，人类社会逐渐进入消费社会，以追求经济利益为目的。生存价值被等同于经济价值，一切人类活动的本质都或多或少地以利益为中心。③信息的快速流通以及交通的便利使得城市之间、国家之间的差异性逐渐减弱，地域性文化与文化多样性正在逐渐消失。④由科技发展带来的舒适的人居环境使我们忘记了与第一自然的关系，经济效益与对于科学技术的自信导致自然成为我们无限索取的抽象对象，生态危机成为我们生存的巨大挑战。⑤人的自由发展也受到了工业文明的限制，社会中的人也异化为“单向度的人”，失去了自由发展的条件。以上这些问题已成为人类生存发展中亟待解决的环境设计伦理问题。

人类的生存发展究其本质就是探讨人与环境之间和谐共生关系的过程。而人居环境设计作为调节人与环境关系的中介，应探讨我们应以什么样的方式生活在自然与人类社会环境之中。人类有计划地改造以及建设和谐环境的这种活动被称为环境设计。

二、人类生存空间的设计与创造——环境设计

人居环境包括社会环境、自然环境和人工环境的整体，并不单指人类的住宅环境，按照海德格尔的栖居理论，“居住”应当被解释为人类存在于世界的一种方式，因此，“居住”的概念可以扩大到人类日常生活行为的任何层面——工作、居住、劳动、休闲、娱乐等。所以，环境设计所探讨的人居环境涵盖了从室内、建筑、园林景观到大尺度城乡规划，乃至区域规划等人类活动所涉及的各个尺度的空间。

具体来说，环境设计旨在创造便于人们生活和工作的空间序列——由室内到室外再到宏观的环境，并协调同一尺度或不同尺度空间之间的关系。因此，环境设计的核心理念在于打破所有相关环境空间学科的壁垒，建立一个系统性的设计观。我国环境设计学科奠基人张绮曼教授在提出环境设计概念时，高屋建瓴地指出环境设计就是强调一个概念——环境意识，即环境设计的研究除了涉及具体的空间环境构建的形式、功能、构造工艺等范畴，更关注在整体层面协调空间与人类行为的关系、人居环境与自然的关系以及环境中人与社会的关系。因此，环境设计绝不仅仅是技术与艺术的问题，而是关于人居环境营造的一种伦理价值理念。

三、环境设计的研究范畴

人类进化的历史，正是一部人类用自己的力量营造理想人居环境的历史，吴良镛院士提出：建筑师的职责是研究和分析各种环境影响因素之间相互交织的关系和多种多样的生产生活活动，将美好的理想与当时的生产力条件结合起来，设计与之相适应的物质空间环境。因此，环境设计强调以一种整体系统的环境观，跨越室内设计、建筑设计、景观设计、城乡规划等具有固定尺度的学科藩篱，将研究对象着眼于人居环境与人、社会、自然之间的关系。美国《环境设计丛书》作者理查德·多伯认为：环境设计是比建筑范围更大，比规划的意义更综合，比工程技术更敏感的艺术，胜过一切传统的考虑。环境设计研究范畴涉及多尺度、多层面、从宏观到微观的人居环境。

因此，对于环境设计的研究应当具有系统性与学科交叉性特征。人居环境反映了特定地区人类生活方式的演变与文化习俗，对于内蕴在人居环境物质形态中的人类文化需要运用人类学、历史学、社会学学科的方法进行研究；人居环境呈现出了特定地区人类改造自然、与自然共生的生存策略。因此，对于审视人居环境与自然环境之间的关系需要运用地理学、生态学、植物学、地质学等学科的方法进行研究；人居环境体现了人类居留于世界上的方式，因此，对于人居环境作为人类存在方式的思考需要运用哲学、文学、艺术学等学科的研究方法。除此之外，关于人居环境建造，我们还需要从结构学、材料学等学科来对建造过程中呈现的技术性问题进行研究。总的来说，环境设计研究除了应该具备相关空间设计专业的知识与技能，还需要具备深厚的人文底蕴与社会科学等相关知识基础。

四、环境设计伦理的提出

环境设计实践是人类对象化、目的化的活动，并在此过程中彰显了人类的伦理价值观，表达了人类的需要与目的。人居环境作为物化了的人类有目的的活动，也反映出一定时期内社会文化活动所产生的设计伦理问题。当前我国的人居环境所映射的设计伦理问题主要呈现在以下不同尺度的空间环境上。

1. 宏观的环境尺度上

城市化进程过快，加剧了城乡二元结构的矛盾，城市功能空间分割明晰，虽然体现了现代思想中城市空间生产的高效率，但是却越来越依赖城市交通设施的建设，道路拥堵、交通瘫痪频现，给城市生活带来了不便；城市的盲目扩张侵占了周边村镇的农田与林地，忽视了环境发展的规律；大规模的拆迁进程中，原居民不断向陌生地区搬迁，有些拆迁安置区周边甚至基础服务设施都不甚完备，这大大降低了拆迁居民的生活品质，与其相反，已被拆迁的土地不断地被外来资本买卖、包装，成为其获得暴利的“商品”。

2. 中观的环境尺度上

首先，各个地方的建筑风貌受到西方现代主义建筑形式与工业化生产手段以及资本的跨区域运作影响，呈现出“千城一面”的现象。人居环境脱离了与人以及地域文化的关系，仅仅成为获取经济利益的商品，设计过程简化成为套用住宅户型模板、最大化地满足用地指标、以经济效益最大化为目的。环境设计并未真正解决特定地区不同文化氛围下的安居问题。其次，全球化浪潮下我国实现了与其他国家各个方面的接轨，环境设计领域也不例外。另外，环境设计以盲目追求“生态城市”“山水城市”“园林城市”的表层概念以及所谓的“绿地率”的提高，所进行的设计仅仅只是城市“美化”与“增绿”行为。再加上对西方园林所内含的精英文化的崇尚，无视基地原有的地形地貌与地域性植被，一律采用平整土地种植草的手段来进行园林草坪造景，甚至还为了所谓的“美观”，应用不适宜本地气候的植物来打造所谓的“异域风情”。环境风貌受到全球化的不良影响，呈现出破碎化的特征，城市与自然对立并不断侵蚀着自然。原始生态结构遭到明显破坏，地下水位持续降低。为了治理城市洪涝灾害，有些设计以河岸“渠化”为主要设计手段，再加上城市道路、广场硬化的建设措施以及城市排水系统设计过时，因此并未缓解城市内涝灾害。无序的工业排污等也引发了雾霾等气候污染，危及城乡居民的健康安全。

3. 微观的环境尺度上

现代高层住宅的空间格局造成了传统邻里观念日趋淡薄，影响了居民之间的积极交往。私人居住空间设计往往追求“时尚风格”，完全不考虑个人的生活方式与居住需求，“简欧式”“新中式”“托斯卡纳”等风格充斥着室内设计行业。设计创新成为“时尚”样式的竞技，滥用传统文化符号与西方设计符号。设计师成了商人，只追求设计过程中的超额利润，遗忘了自身所应承担的设计宜居环境的社会责任。

综上所述，当前的人居环境现状不容乐观，以研究环境设计伦理来推动人居环境更新，缓解以上社会矛盾与问题刻不容缓。关于环境设计的创新不能够仅仅只在专业内单纯地进行“形式”的创新与“炫技”，而应当立足于时下经济飞速发展所伴生的社会矛盾和环境危机的真实问题背景下，对人类的居住环境进行深入的反思，确立正确而应当的环境设计价值观，从根本上创新环境设计的理念。因此，从伦理角度审视环境设计，探讨人居环境的价值根本，从而生成设计的独创性，应当是当代中国环境设计发展的新视角。

人居环境应当具有怎样的价值？这是我们在进行环境设计创新时需要思考的根本问题。综合上述各种层面的问题，我们不得不问：我们为谁而建？为何而建？人居环境与居住其中的人是一种怎样的关系？居住的最根本问题是什么？怎样的人居环境才是我们所需要的？人居环境设计如何应对社会的变迁？这些问题关涉环境设计乃至人类文化发展的根本，从深层次来看，人居环境设计的问题关涉人类存在的终极意义。“诗意的栖居”是诗人荷尔德林对人类历史性存在方式的描述，这种描述受到海德格尔的推崇。海德格尔认为“栖居”使人得以在“天地神人”四重整体中存在，意味着通过所“筑造”的人居环境与天、地、神、人等自然万物和谐共生的一种状态。在这个状态中，人与外部事物都保持着和谐的关系，各自赋予自己成为己“所是”的行为准则。人与人、人与物、人与自然之间存在着本质的联系而又互不“遮蔽”，一切都以生存的最本真状态为基本目的。因此，探讨人居环境的设计伦理价值，其实就是在探讨人类生存与世界的关系，即人如何存在于世界的问题。

第二节　环境设计伦理研究的内涵

一、伦理学的发展与研究对象

古希腊早期的哲学思想中就已经有了关于伦理问题的探讨，作为规范社会与人际关系规则的伦理学，其研究内容与人类的行为活动密切相关。古希腊哲学家德谟克利特将幸福看作生活的目的。柏拉图关于其本真的理念世界里将“善”居于最高的理念，古希腊哲学家亚里士多德探讨的主要问题就是有关什么是善以及什么是善的行为，和我们依据什么标准来判断行为的正当与不正当。

哲学家们认为人之所以有别于其他生物，呈现出在不受自然法则制约下而仍具有道德的特征，正是由于人的本质是理性的。这种理性驱使我们规范地进行生存与社会交往活动，在这个过程中，人类的行为反映着一定的伦理价值取向，也即对行为的伦理判断标准。

伦理学经历了由传统规范伦理学到应用伦理学的发展历程。规范伦理学试图从哲学思辨的角度论证善与恶、道德与不道德的基础与本质，强调人的义务感是人类追求道德生活的根本原因。随着社会发展以及生活行为的多元化，伦理学的研究范畴逐渐从研究人与人之间的关系扩展到人与"非人"的关系，比如人与自然、人与技术之间的关系。哲学家斯宾诺莎就认为终极的伦理价值应该建立在整体或系统的基础之上，所有存在物都是同一种物质的暂时表现。现当代出现了将伦理学理论与其他学科交叉融合的研究趋势，伦理学逐渐发展成为应用伦理学，也就是将伦理学的视域扩大到社会行为活动的各个方面。比如：消费伦理、责任伦理、艺术伦理、环境伦理等。环境设计伦理是以伦理学的视角来对环境设计过程中所涉及的行为实践、价值规范进行研究探讨的一类新兴应用伦理学。

二、伦理与环境设计

伦理在中国古代原指音乐的条理，"乐者，通伦理者也。"在《辞海》中，伦理一词也被解释为有条理的安排部署。《说文解字》中写道："伦，辈也"，意为同等地位的人，后用来比喻封建社会各类尊卑等级的人际关系及其相应的行为道德规范。我国传统的儒家思想实际上强调的是以"仁"为内核、"礼"为外用的一套伦理价值体系。在西方，"伦理"一词又被引申出"品质""德性"等含义。综上所述，伦理含有丰富的意蕴，既可以指人与人之间的等级、辈分等社会秩序关系，如中国古代人居环境营造中所体现出的"贵和尚中""位育"等有关社会秩序的设计伦理意识；又可以引申为行为规范，如包豪斯提出的设计为大众服务，而不是为少数权贵服务；同时，"伦理"一词还蕴含了风俗、习惯等人类文化与精神层次的内容和意义，如卡斯滕·哈里斯所认为的建筑伦理功能应当彰显自身所独有的精神特质。可见，环境设计伦理内涵不仅呈现于环境设计的实践过程，还呈现于人们对人居环境的认知。因而，要理解环境设计伦理的研究内涵，就需要从伦理的多重维度上去思考与环境设计的相互关联。

环境设计伦理是应然性的社会关系，是人居于世的有意义与无意义的问题。研究环境设计伦理所需要探究的问题实质上是人类终极思考的问题。哲学家艾德蒙德·胡塞尔认为：人具有自由决定且理智地塑造自己和环境的诸多可能性。和美的人居环境使人们得以安居，而安居又使人们澄明自身何以存在于天地之间，进而与自然、社会、自我呈现出和谐的状态。如何从人类生存于世的诸多选择中，合乎理性地创造一个具有伦理内涵的人居环境呢？伦理的人居环境应呈现出与人为善、与自然为善、与社会为善的特点，并使环境设计行为具有“应然”的价值目标与道德后果。

三、寻求“应然”的环境设计

1. 伦理学、价值与义务

在人居环境的营造过程中，环境设计的实践过程涉及设计师的决策与行为，设计师需要对诸多设计理念与设计行为进行基于一定价值观的伦理判断。由于环境设计的研究范畴较宽泛，从宏观尺度的区域规划到微观尺度的园林与室内空间，从物质实在的空间环境到精神层面的场所环境，从人居环境的科学技术角度到人居环境的审美意象角度，伦理价值观的选择无处不在。因而，要全面把握环境设计伦理的研究内容——寻求“应然”的人居环境价值，需要从环境设计实践的整体过程以及伦理内涵的多个维度进行综合审视。

德国哲学家伊曼努尔·康德认为我们所做事情的后果往往无法控制和预料，所以“唯一绝对善的东西是善良意志”，强调行为义务的“动机善”，即行为是否正当与我们的善良意图息息相关。不同于康德的义务论道德伦理，杰里米·边沁等功利主义者强调伦理的“后果善”，认为行为的正当性只有通过其后果是否有利来判断。而程序正义论学者则强调“过程善”，即行为是否符合道德伦理要看其过程各环节是否公正。

伦理学家福瑞斯特在《价值法则：个体和职业的伦理科学》一书中，把“善”界定为“意义履行的程度”，把价值界定为“善的层次性特征”。由此，通过对不同层次的设计伦理维度进行价值判断，我们就可以描述出一个具体“善”的真实含义，强调设计价值是善的程度。

环境设计价值作为“善”的程度层次来判断的话，其“精神价值”“社会价值”“审美价值”可理解为“动机善”，其“生态价值”“经济价值”为“后果善”，而“行为价值”则是“过程善”。本书将环境设计伦理也相应地置于精神、社会、审美、生态、经济、行为等多重维度来进行整体审视，由此建构起环境设计伦理的研究体系。

2. 寻求“应当”的环境设计价值

环境设计活动中的伦理价值信念与环境品质是一致的，普林斯顿大学的穆斯塔法·帕尔塔教授认为环境的设计质量并不是由技术因素决定，而是由环境的所有者、设计者、建造者等的伦理价值观决定的。

环境设计中的价值判断标准主要是由实践案例积累和伦理批评而形成的。这些价值判断贯穿于设计实践的全部过程。一般而言，技术伦理观有着相对的连续性和稳定性，如职业规范、建筑法规和行业相关标准等，逐渐形成了设计职业伦理的基础。而大部分的社会文化和感性认知的价值判断却容易引起争论，这些争论有的是由于设计师个体的职业习惯和审美倾向引起的，有的则来自社会环境本身的矛盾性和复杂性。

当今西方学界德性伦理复兴的代表人物麦金太尔以建筑为例来论述设计实践活动中的善：实践是连贯地、复杂地、社会地形成的合作性的人类活动，其内在的善被人们所感知，这种感知是在试图达到与此活动相适应的卓越价值标准的过程中实现的。麦金太尔试图说明的是，环境设计之善蕴含在创造构筑物的实践活动中，存在于制造它的“过程善”中，存在于被构建物的伦理本质之中。因为环境构筑物是设计师与建设者理智追求“动机善”的结果，符合人类福祉的价值取向，是智慧和合作的产物。

环境所面临的特殊的伦理问题源于设计的公益与自利的交叉，需要设计师在创作的社会性和功利性之间做出均衡的选择。这些价值冲突使得设计师很难直接从哲学中将一些抽象思想引入到对环境设计具体问题的伦理判断中去，须从不同层次与维度进行解析。

第三节　环境设计伦理意识产生的背景

一、哲学背景

20 世纪 70 年代，伦理学的复兴、社会批判理论的发展，以及解构主义哲学和现象学对居住问题的探讨为环境设计伦理研究提供了广阔的理论背景，环境设计伦理研究领域开始在多元学科背景下得以开展。这种多角度的发展一方面极大地拓展了环境设计伦理研究的范畴和方法，另一方面则产生了这一研究领域纷繁芜杂的态势，这又带来了新的急需解决的理论问题：一则在“环境设计伦理”一词的多元化使用中，其所指代的具体含义并不一致甚至相互矛盾，亦即环境设计伦理的本体问题仍然是含混的；二则在研究方向和应对策略上，环境设计伦理理论也缺乏系统的归纳和反思，这为不同研究方向上的对话设置了障碍。综合以上两点所述，使得国内环境设计伦理研究在解读和借鉴国外相关理论上往往存在着误读。

后现代是一个综合的学术概念，环境设计意义上的后现代主义只是诸多后现代理论中的一支。如果把后现代作为一个历史时段来看的话，那么我们就可以发现这一时期的环境设计理论大多与广义上的哲学有着千丝万缕的联系。如文丘里之与恩普森，詹克斯之与索绪尔，舒尔茨之与胡塞尔，艾森曼之与德里达，屈米之与法兰克福学派等。如果说后现代主义环境设计理论很大程度上借鉴了后现代哲学的发展成果的话，那么，我们关心的是：后现代哲学在晚近哲学思想发展中又展现出了什么样的场景呢？如果说环境设计理论对于哲学发展的借鉴往往存在滞后的话，那么对晚近哲学思想发展中伦理内涵的检索就有了某种追根溯源的意义。

按照通常的理解，后现代代表的是一种晚期资本主义的文化逻辑，它的基本观点是消费欲望和感官刺激的构建，其目的是使得世界成为一个奇观盛宴和拟像乐园，意味着取消意义的深度、强调个体的经验感受和对历史的随意解读。于是后现代主义者难以逃脱的指责就是“不负责任”“游而戏之”以及“价值废黜”。我们越是宣扬终极价值的退场就越表明了我们的价值观缺失。当我们抛弃了一切可以嘲弄的历史和原则后，我们还剩下什么？当我们生存的“身体碎片”联通虚幻世界带给我们“超真实”的假象，终极价值作为一种人之所以为人、人类社会之所以得以延续的心灵祈向，不断地拷问着当代人的灵魂。无论是空间意义上的居住，还是心灵意义上的栖居，都无法逃脱这一终极价值的追问。在这一追问中，后现代思想展现出以下方面的转向。

1. 哲学语言学的伦理转向

众所周知，语言学和符号学为后现代设计思想的发展提供了基本的理论依据。符号的能指与所指在詹克斯那里演变成了建筑语义的多重解码，詹克斯进而将意义的多元化解读视为后现代环境设计的基本特征之一。解构主义哲学代表人物德里达所提出的文本分析策略，为艾森曼等人的解构主义设计理论提供了直接的思想源泉。拒绝形而上的价值命题，是早期哲学语言学的基本取向之一。相应地，后现代设计理论一般也拒绝对终极价值进行追问。

但是在20世纪80年代，哲学语言学的发展出现了新的转向。一种走出形式主义、摆脱文本分析绝境的“伦理转向”首先出现在美国的文学批评界，从不同的角度反思了语言学的诸多潜在弊病，无论从何种角度发难，都表达了对历史和现实的强烈关注。德里达自 20 世纪 80 年代以后，也将关注点转向了解构与价值形而上学的关联上，讨论的都是一些非常“具体”的现实生活伦理学和政治学难题。哲学家米勒则提出了“阅读的伦理”，认为伦理要素不仅是德里达思想的总体取向，而且是解构批评的目标所在，米勒暗暗颠覆了保罗·德·曼悬置一切价值问题的形式解构理论，公开回击解构主义等于虚无主义文本游戏的责难，将解构同伦理的终极价值追问直接联系起来。

需要指出的是，与索绪尔等人早期的符号语言学不同，后现代意义上的语言学的伦理转向并没有过多地关注符号本身的能指、所指等具体结构表征要素，而更多地体现为一种形而上学层面的价值反思和价值回归，因而在实际操作层面较难被转化为应用的工具，这也使得设计学对此少有回应。但这一转向与下述的几种发展趋势有着密切的联系，它们都拓展了后现代伦理批判态势和意义深度。

2. 社会批判的空间转向

20 世纪 70 年代后期，反整体的解构思想与反集权的社会批判思想在权利批判上合流，从而导致了“文化政治”的复兴。以福柯为代表的历史解构主义将关注的焦点转向了历史上的精神病患者、犯罪嫌疑人等人群，以一种颠覆历史的勇气来控诉古典主义、现代主义一成不变的压制机制。福柯根据考古学和谱系学方法对社会空间权力和结构进行了广泛的分析研究，他认为在公共生活的任何形式的权力行使中，空间都是最根本的。他在著作《疯癫与文明》《事物的秩序》和《规训与惩罚》中揭示出了机构（包括容纳它们的环境形式）在社会中起到的控制作用。在名为《论其他空间》的文章中福柯对空间环境作了简短的思索，辨别出了专业术语在创建空间自治、合法化和排外话语过程中的作用。福柯在晚年特别注目“生命的权利”，从而将他的权利批判转化为一种生存美学。他呼吁保卫社会、保护环境、保护弱势文化，呼吁“终极价值”重返后现代社会。以法兰克福学派为代表的社会批判理论家则对启蒙运动、现代社会、异化的工具理性、集权主义、消费社会展开了全方位的空间伦理批判，力求维护个体自由、维护生存解放的思想，把人文精神升华到一种伦理乌托邦的境界。在法兰克福学派的晚近发展中，出现了以哈贝马斯为代表的从批判集权主义向建构理想的交流情境、建构社会伦理规范构想的转变，哈贝马斯关于公共空间的洞悉，也成为环境设计伦理借鉴和讨论的对象。

这两股思潮分别从微观和宏观的角度、从历史和社会的角度入手开展对空间权利以及人类异化的批判，并深深触及了人居环境设计的伦理问题。同样，在建筑理论领域，屈米和蓝天组借鉴福柯的理论以解构和“纸上方案”式的幻想来表达设计伦理批判的意图。哈迪德则深受法兰克福学派的影响，特立独行地凭借她的非线性设计探讨环境中的伦理问题。近年来炙手可热的设计师库哈斯更是毫不掩饰对空间社会学问题的关注，他的《癫狂的纽约——一部曼哈顿的回溯性的宣言》《小、中、大、超大（S，M，L，XL）》等始终延续着他关于人居环境的意识形态批判。

历史决定论者的时间观念在传统时空观中占据主导，空间沦为时间的附庸，被看作空洞的、匀质的“容器”，米歇尔·福柯将此认为是一个“空间贬值”的时代，这种沉湎于“历史决定论”的知识传统使人们忽略了对社会生活空间性的批判敏感度。当代西方学界出现了一种“空间的转向”，被认为是“20 世纪后半叶知识和政治发展中举足轻重的事件之一”，人们更加关注空间的社会实践和生存体验。丹尼尔·贝尔、弗里德里克·杰姆逊、戴维·哈维、爱德华·苏贾等学者也将现当代空间伦理批判的兴起看作对传统社会历史理论中“时间特权”的反拨。

米歇尔·福柯将自己的“权利—主体”理论以及“知识—话语”的形构贯之于空间的生产与创造，形成了“空间权力”这一批判理念，认为资本、权力借助空间规划设计达到对社会个体的规训与控制，空间既是媒介，也是产物。其思想基于全球化和后现代性的语境也广泛影响到文学艺术、设计、社会科学等各个门类，使人与空间环境的关系上升到了对人类生存境遇问题的高度来探讨。

社会批判新模式：社会—空间辩证法

韦伯学派及其后续对社会不平等现象的关注更多是从消费现象入手的，一些学者，尤其是正统马克思主义者对此表达了异议。在他们看来，空间消费中体现出来的不平等是结果而不是原因，并不能从根本上说明问题，要想洞悉空间不平等的本质，必须从生产的角度考察空间与社会资本的关系。在这一点上，一些学者作出了更为深刻的研究。

1974 年，被誉为“批判社会理论中最强有力的提倡者”的法国城市学者亨利·列斐伏尔出版了著作《空间的生产》，将空间环境与政治、资本联系在一起。他指出空间并不是排除于意识形态和政治学之外的一个科学客体，而是始终具有政治性和战略性，是充溢着各种意识形态的产物。空间是社会关系的成因，人类从根本上来说是空间性的存在者，总是忙于进行空间的营造与生产。人类的每一次空间环境规划设计实质是对空间权益的一次重新分配。

列斐伏尔将整个20世纪的世界历史视为社会生活空间的历史，揭示了全球化实质是在世界范围内资本以各种形式进行空间重组的过程，是消费主义赖以维持的主要载体。消费主义的逻辑就成为社会空间的逻辑，也成为日常生活物质环境的设计逻辑。

由此可见，列斐伏尔对空间的研究完全是建立在资本分析和社会空间架构的基础之上的。按照这个思路，列斐伏尔在法国建筑专科学校讲课期间，拒斥“鲍扎”式的虚假怀旧风格，在与建筑历史学家共同创办探索性杂志《空间与社会》期间，他又猛烈抨击现代城市设计的教条主义和主观臆断。他的大量活动和著作对法国的环境设计政策起到了积极的影响。而更为重要的是，他将社会问题与空间问题并重，辩证地探索社会生活的空间性以及空间的社会性，这为后续研究者提供了开拓性的启示。

另一位新马克思主义学者戴维·哈维在《社会公正与城市》一书里也提出空间的重组体现了各种社会关系，但又反过来作用于这些关系。其他持相似分析视角的学者还有伊曼纽尔·瓦勒施泰因、安德烈·冈德·弗兰克和欧内斯特·曼德尔等人，他们都从不同层面分析了空间环境与社会以及资本权利之间的辩证关联，指出了空间在生成和消费过程中不平等现象的根源。美国加利福尼亚大学洛杉矶分校都市规划系的爱德华·W. 苏贾教授详细地考察了这种辩证模式，并以“社会—空间辩证法”为其命名。

西方不少学者相应地也从伦理的角度呼吁环境设计师参与意识形态领域的考察，并认为复兴这种设计伦理是“拯救”社会环境的一个新方法，赋予了环境设计以社会使命，并提出了若干在当前历史背景下环境设计学科发展的伦理方案。

3. 技术理性批判与道德物化

技术理性是追求工具效率的一种思维方式，认为依靠技术可以解决一切社会问题，而忽视价值理性是其主要弊端。德国社会学家马克斯·韦伯曾指出现代社会技术理性遮蔽了价值理性，导致科学精神与人文精神、技术与道德的分离，意味着人性的异化和文化的断裂。悲观的技术决定论者认为现代技术理性让自然失去了诗意和神灵的庇护，人类自身也成为物质化、功能化的对象，自然与人逐渐沦为技术意志所控制和支配的工具。

维贝克继承了唐·伊德关于技术如何调节知觉经验的后现象学方法，探讨设计与科技如何调节道德的知觉经验，在其《物何为：对技术、行动体和设计的哲学反思》《将技术道德化——理解与设计物的道德》（*Moralizing Technology: Understanding and Designing the Morality of Things*）等书中，系统地构建了“道德物化”思想，聚焦设计伦理的实践性，主张公共善的价值在设计阶段就应嵌入到设计方案图纸中。环境人造物的设计和使用也应引导道德行为，环境设计师应对设计及其技术工具保持价值自觉与敏感性。价值敏感设计（Value Sensitive Design）成为环境设计领域新的研究方向。人与环境应置于平等地位去考察环境设计与社会情境之间的道德互动，提倡环境利益相关者共同参与设计的社会设计模式。环境设计伦理不仅是事后的反思，还是贯穿设计全过程的伦理审查与价值嵌入，是环境设计不可或缺的有机构成。

例如，当下的智慧社区、智能家居等环境设计中，大量运用人脸识别与影像监控技术，创设了一种“无接触”的门禁系统，优化了环境健康与安全，但因担心个人隐私被滥用而遭到部分居民的反对。本出于善的动机，却忽视了隐私价值。因此，伦理价值嵌入是和谐人居环境设计的要素。

近期伴随“元宇宙空间”热门，买卖地皮、空间规划、装修设计等虚拟环境设计也火了起来。元宇宙具身空间因其去中心化、NFT 交易等虚拟社会形态特征，在个人隐私权、社会治理、金融安全等方面的伦理问题也引起环境设计学者们的高度关注。对技术理性的批判，一直是环境设计伦理的重要议题。环境设计的伦理方案不能回避虚拟与现实环境设计的可持续性、以人为本的环境科技的可控性。

4. 生态伦理学的发展

进入 20 世纪晚期后，由于现代工业的超速发展，人类所面临的生态环境急剧恶化，人与自然关系空前紧张起来。这一紧张关系已不仅仅意味着人与自然间习惯性的利用与被利用的不平等或单向度的关系危机，也意味着人类自身存在目的的价值危机，即：由现代人类积习已久的自我中心心态所导致的自我生存环境危机。自然生物链的断裂或生态失衡，让自我中心主义受到了越来越多的质疑。在这一背景下，生态伦理学逐渐由 20 世纪 60 年代的运动式批判，转为全方位的反思，并逐渐成为全人类面临的共同课题。

作为一种人造环境，在能耗、材料、建造工艺以及运行维护等各个方面与生态问题有着密切的关联，在环境设计理论领域，生态规划以及可持续设计思想快速发展，基于人类福祉与自然和谐共处，强调基于低碳效用的营造技术，整体化设计思维、系统化整合环境形式要素的新兴生态设计理念逐渐被普遍接纳。

以上几个方面也深刻地影响了环境设计领域，促进了设计师伦理意识的觉醒和设计思维范式的转换。

二、社会背景

1. 消费的社会

法国社会学家让·鲍德里亚认为当代是一个“消费的社会”，取代之前主要对“物”的积累，当代社会更多是对“拟像”或“符码”的消费。这些复杂“符码”系统的集合，一方面包含了各种拟像空间，另一方面与现实环境景观交融，生成了法国哲学家居伊·德波所批判的当代社会“奇观”，在真伪二重性的奇观社会中“拟像”统治了一切，主张超越消费意象与幻觉统治的当代“伪世界”。

消费空间已然成为当代环境设计的主要类别。雷姆·库哈斯主编的《哈佛设计学院购物指南》就是从购物行为的视域，对当代消费空间设计伦理问题进行反思。近来随着网上购物的兴起，虚拟消费空间更是加剧了这种意象与幻觉的消费时尚。似乎消费活动已成为人类唯一的公共活动，一切皆可消费。快餐化、符号化的消费美学也似乎成了当下环境设计的评判标准。因此，新的设计美学标准与设计伦理观念成为当务之急。

2. 社会意识形态

环境设计的发展伴随着意识形态的变革，包豪斯开启的现代设计运动致力于为平民而设计，意味着现代设计伦理诉求没有也不可能脱离来自社会意识形态的影响。

赫伯特·里德在 1934 年出版的《艺术与工业》一书中，表现出浓厚的马克思主义物质决定论的思想，明确地表达经济规则是迫使人类去改变自身的形式和条件。英国建筑理论家佩夫斯纳在其著作《现代设计的先驱者》中呼应了里德等人的观点，认为设计的技术革新是社会控制的重要力量。英国建筑理论家罗伯特·福尼克斯·约登在《维多利亚建筑》一书中，也提出维多利亚时代的浪漫主义设计被看作对贵族阶级的叛逆，他主张以意识形态的视角来解读环境设计的革新。

后现代设计本身是一个庞大的话语体系，各分支之间有着不同的关注点，但共同点是它们都发端于一种颠覆性的价值批判。后现代主义者们担心重蹈现代主义者伦理乌托邦的泥潭和精英式的自诩，极力标榜自己的“非道德”特征，因为在现代主义那里，伦理道德往往与说教统一，继而与集权、控制紧密联系在一起，而这些正是后现代主义者尤其是解构主义者所深恶痛绝的。

在文丘里的倡导下，后现代主义关于设计及其职业的价值判断以多元化的冲突、混合为主要特征。解构主义者对此作出了进一步的发展，多元主义被赋予了反对逻各斯中心论、反抗权威的重大使命，成为释放矛盾冲突、体现人性自由的精神指引。詹克斯认为后现代的多元主义是一种终极的民主方法。后现代环境设计通过多元主义来获得伦理正义性。由此可见，后现代主义者并没有从根本上回避对自身伦理合理性的证明，多元主义一词不仅仅是一种设计方法上的兼容并蓄，同时还承载了后现代自身的伦理诉求，这里的伦理正是卡斯滕·哈里斯所指的“精神特质”。后现代主义者的多元论并没有脱离伦理层面的考量，而是从反对现代主义一元论出发的一种价值批判。事实上，后现代主义者无法脱离现代主义发展带来的建筑材料、建造技术以及工业化生产运作方式的影响，而对于“快餐文化”的倡导使得它不得不面对后续的伦理批判，这场道德危机在后现代主义设计抛弃现代主义的道德理想伊始，便已经开始了。

第四节　环境设计伦理的交叉性与边缘性

环境设计伦理的研究离不开跨学科的理论交叉，例如艺术伦理、环境工程伦理、经济伦理、生态伦理、环境伦理、生命伦理等。

一、精神危机与艺术伦理价值

法国艺术家罗丹认为艺术就是情感。艺术侧重于“动之以情”，道德重于“晓之以理”。艺术的本质特征是“情感”，没有情感就没有艺术。环境审美蕴含丰富的艺术伦理价值。

1. 艺术的伦理教化功能

环境艺术设计作品传递了设计师的情感和价值判断，这种情感价值观念将潜移默化地引导审美行为，熏陶居住者的精神气质，即所谓“艺以载道”。艺术作为对现实的超越性存在，能消解精神危机、滋养心性、升华人性，为人类精神家园失衡提供弥合的途径。

2. 艺术伦理的超道德性

克莱夫·贝尔认为美是一种“有意味的形式”，而“意味”则是指非功利的情感，是由艺术形式所唤起，而非其思想内容所引起。但这并不指涉艺术与道德无关，正如美国哲学家杜威的主张：艺术的职能旨在树立一个更加丰富的人格。艺术表现出终极关怀的伦理价值，似乎比道德还道德，具备一种"超道德性"，是一种更高层次的伦理关怀。

二、环境工程伦理

环境工程伦理所涉及的问题其实早已存在。随着中国经济的快速发展和许多重大环境工程项目的实施，我们面临越来越多的环境工程伦理问题，包括工程中的设计价值观、设计责任、组织原则、政策法规，以及工程中的诚信、安全风险等。如果说环境工程设计人员如我们绝大多数人一样制造了环境问题，那么他们也是解决环境问题的基本力量。

1. 关于环境工程伦理的争论

对于环境工程设计师而言，与基本安全相关的责任，大多被各类设计规范所量化，已经含蓄地要求设计师考虑与环境安全相关的伦理问题，较易达成共识和可操作性，但有争议的是与人类安全非直接相关的环境价值考虑。

如将工业污水直接排放到饮用水源，由于受污染的水或空气带来了致癌物质，这时设计师会考虑拒绝采用这种方案以保护环境，将公众的基本安全健康置于首要地位，这是与健康直接相关的例子。然而，大多数情况下，即使当人类的安全没有受到直接威胁时，工程项目也常常会对环境造成永久的伤害。如被要求设计一座水坝，设计师可能会欣然接受委托，而这类方案对必须洄游到河流上游产卵的鱼类而言可能是致命的，淹没文物或农田对文化安全与粮食安全而言也将造成危害，设计师在评估工程效益与长远价值时会陷入伦理困境，这就需要设计师对环境价值具备一定的敏感度与自觉能力。

一些人会认为，树木、河流、动物、山脉和其他的自然物体只具有被人类利用或欣赏的价值。另一种相反的观点是自然物体是有灵性的，应该得到尊重。对与安全非直接相关的环境问题和对环境价值的评估，对其准确的驾驭尚存在着争议。不同的价值观会选择不同的环境设计方案。

可喜的是积极的尝试正在展开，有些设计师协会章程要求其成员有义务拒绝和揭露未来会危害公众或环境的工程设计因素，有些在整个产业群制定了章程来增强对环境的责任感。一个实例是由美国化学品制造商协会（CMA）首创的称作"责任关怀：对公众的承诺"的规划。为了迎合"责任关怀"的主要目标，为了对公众的担忧作出回应，CMA 还建立了公众顾问团，它由 15 个非产业的公众代表组成以促成设计的公众参与制度。越来越多的企业似乎也倾向于文明的环境设计管理，这些公司设有人员精良的环保部门，使用先进的装备，并且通常与政府行政管理人员保持着良好的关系。这类企业视自己作为地球共同体的好邻居。无论如何，从长远来看，这是企业自己的利益，让企业远离诉讼，并能塑造好的企业品牌形象。

2. 对待动植物的设计态度

人是善恶的尺度。大多数西方“人类中心主义”者主要甚至只关注人类，动植物和非生命物只有当它们直接促进人类功利时才加以考虑。彼德·辛格批评将非人的动物排除在道德考虑之外的观点称为“物种主义”（Speciesism）。有时工程项目会破坏动物的栖息地甚至危及它们的生命，设计师需要在对待动植物的合适态度上作出道德决定。如在我国青藏铁路的修建中，为避免截断藏羚羊等野生动物的活动迁徙路线，设计了大量铁路高架桥，真正做到了“动物友好型”工程设计。

20 世纪西方哲学中举足轻重的伦理思想家阿尔贝特·施韦泽拒绝按价值的大小来给动植物类型排定次序，但是他相信应真正按照敬畏生命的理想和美德生活才是人类的未来。

功利主义者也试图强调人类的长远利益是与自然息息相关的。不仅仅限于利用自然资源进行生产生活，自然还有美学价值、休闲价值、科学价值等。况且，人类也渐渐认识到有些具有重要价值的东西并不都适合在有限的时间段内评价其价值，而必须通过更宽广的空间和长远的时间等多重维度来加以解析。

3. 工程全生命周期的伦理审视

设计是工程活动的核心。工程项目自设计开始，直至完工后仍然需要道德责任的审视。

工程伦理环境因素的复杂性、长期性和隐蔽性，往往被设计者在工程规划设计之初所忽视，工程可能在其实施过程中及其未来会对当地居民与自然生态造成负面影响。设计者关注工程伦理的一个重要方式除了必须遵守相关设计法规之外，仍然是尽可能地减少工程对人类及环境的潜在安全威胁。

三、经济伦理

当代意义上的经济伦理学兴起于 20 世纪 70 年代至 80 年代的美国，随后各个国家根据各自文化建立了不同的经济伦理模式，主要研究政府、企业、个人等在经济活动中的道德规范，包括经济政策、经济组织制度、经济行为的伦理思想原则等。

道德从本质上说是经济的产物，任何商业活动都或多或少地内含道德目标。同样，环境设计也“应当”是道德设计和商业价值设计。IBM 前执行官托马斯·沃森曾说过:“好设计就是好生意”(Good Design is Good Business)，这种表述契合了资本主义的设计伦理观。

亚当·斯密是伟大的经济学家和伦理学家，其著作《国民财富论》《道德情操论》等深刻反映了资本主义制度下经济和道德的关系。绝大多数西方思想家视人性先天本“恶”，认为道德对自私的人性所起到的约束作用是极其微弱甚至是无效的。亚当·斯密提出“个人利益”这只“看不见的手”，在经济活动中为赢得市场和维护品牌声誉，不得不尽量满足消费者利益，反而在追求个人利润的过程中促成了社会的公共福利。

义利观是我国经济伦理的经典议题。“义”是指社会公平正义，“利”强调经济的效率与效益。管子在《管子·牧民》中提出“仓廪实则知礼节，衣食足则知荣辱”，指只有在丰衣足食后才会去思考道德规范，认为物质“利”是道德“义”的基础。孔子《论语·里仁》强调“君子喻于义，小人喻于利”，主张秉承义高于利、见利思义的思想。荀子也主张“以义制利”。先秦儒家提倡先义后利的经济伦理原则。宋代程朱理学提出的“存天理，灭人欲”用禁欲思想将义利观内核彻底抽空。“义利观”是基于个人与公共利益间孰应让步的探讨，是我国古代学者对经济伦理的早期探索。重义轻利是我国传统社会的主导伦理思想，提倡从整体利益出发进行资源的差异化分配，减损私利以让渡给集体的方式来保障全社会的长远利益。

只有义与利的辩证统一才是当代经济伦理的判断标准。当下我国社会主义制度下的经济目标是实现全体人民共同富裕，因此，环境设计的经济伦理追求不只是将商业价值作为唯一目的，经济发展也是为了提高全社会的物质条件、创设全体人民的福祉与个体的自由发展，这也是社会主义设计经济伦理的本质内涵。

四、生态伦理

生态伦理最初是由法国、英国的生态学家在 20 世纪 40 年代提出。施韦兹的《文明哲学：文化与伦理学》抨击了人类中心主义的伦理观念，揭露出引起环境问题的主要原因是经济决定论。1962 年美国生物学家雷切儿·卡逊出版的《寂静的春天》一书，引起了越来越多的普通人开始关注环境生态。生态伦理使人与自然的关系被赋予了道德价值，要求人类应放弃压榨自然的传统伦理观，追求与自然共生的可持续发展。

1. 生态伦理观的产生——对人类中心主义的反思

人类中心主义最早是由两千多年前的亚里士多德提出的，他明确指出：所有的动植物都是大自然为了人类而创造的。法国哲学家笛卡尔也认为，人是一种比动植物更高级的存在物。“人类中心主义”主张人类对自然有利用、管理和维护的权利与义务。人类的利益是保护自然环境的依据，也是评价自然内在价值的尺度。

由于全球性生态危机的日益加剧，人类中心主义被认为是罪魁祸首。非人类中心主义对人类中心主义进行了批判，伦理关怀的范围也从人类扩展到动植物和所有生命，再扩展至森林、河流进而整个自然生态系统。

2. 生态伦理观的发展——非人类中心主义

1）以辛格为代表的“动物解放主义”

辛格的《动物解放》（1975 年）一书被誉为“动物保护运动的圣经”，他提倡动物具有与人类同等的权利，如果为了人类而牺牲动物的利益，应被视为与种族歧视和性别歧视相类似的错误。

2）以雷根为代表的“动物权利主义”

美国哲学家雷根提出动物也拥有与人类一样的“天赋价值”，虽然动物缺乏人所拥有的许多能力，但是许多幼童、智力障碍者或植物人也没有这种能力。而我们并不认为这些人就拥有比其他人更少的权利。应当把自由、平等和博爱的原则推广到动物身上。

3）以施韦兹为代表的“敬畏生命的伦理学”

法国哲学家、诺贝尔和平奖获得者施韦兹第一个系统地提出自然中心主义生态伦理学及敬畏生命的伦理学思想。

4）以泰勒为代表的“尊重自然界的伦理学”

美国哲学家泰勒在《尊重自然界：一种生态伦理的理论》一书中，继承了施韦兹的生命伦理思想，并提出尊重生命有机体的道德规范与原则，如不伤害自然界所有有机体、“不干预”生物有机体的生长、被伤害的生物应获得补偿、公平地分配人和生物的生存和发展资源，以维护生态系统的健康和完整。

5）以莱奥波尔德为代表的“大地伦理学”

美国林学家和林业管理官员莱奥波尔德的大地伦理学主张扩展道德共同体的边界，将人、土地、水和动植物等看作一个完整的“大地”集合概念，应确立新的伦理价值尺度和新的道德原则，反对只以经济价值的尺度对自然环境进行评价、开发和保护。

6）以奈斯为代表的“深层生态学”

挪威著名哲学家奈斯在《浅层生态运动与深层、长远生态运动：一个概要》一文中，首次提出“深层生态学”（Deep Ecology）的概念。

浅层生态伦理所持的立场是人类中心主义的，是一种改良主义的环境运动。深层生态伦理学主张自然不依赖于人类的利益而具有自身的价值，认为生态危机源于现有的社会机制、生产模式、消费模式和价值观念，因而必须对当下的伦理价值观念进行革命，让人、社会与自然成为一个命运共同体。其实现的有效路径就是人不断扩大自我认同对象的范围，超越整个人类而达到一种包括非人类世界的整体认识的过程。其生态道德原则是最低程度地影响其他物质和地球，要求人们“以俭朴的方式达到富裕的目的”。

7）以罗尔斯顿为代表的“自然价值论生态伦理学”

罗尔斯顿在《哲学走向荒野》《自然界的价值》《环境伦理学：自然界的价值和对自然界的义务》等著作里，提出了一种自然价值论的生态伦理学体系，主张自然界是一切价值之源，也是人类价值之源。人类对自然过程造成的扰动只能在适于生态系统能恢复的限度内进行。

非人类中心主义强调的是人与自然的伦理关系，而忽视了其背后是人与人之间的不平等关系。我们在环境设计中应在效率和伦理的双重意义上协调好人、社会与自然环境的关系。

五、环境伦理

其是关于人与环境和谐共生的伦理关系的探讨，主要涉及环境资源分配公平、环境代际公正、环境参与正义、环境生态安全等议题。

1. 环境资源分配公平

关注环境权益与成本的分配公正性，应当公平地分配环境资源及其收益，共同承担环境开发所带来的风险责任。即损害环境的责任主体应当为环境治理承担更多义务，而受到伤害的应当获得生态补偿。当前环境资源分配不平等现象十分严重。美国人口只占世界人口的 5%，却消耗掉占全球 25% 的环境资源，排放出占全球 25% 的温室气体。发达国家人口只占世界人口总数的 1/4，消耗掉的能源却占世界总量的 3/4。环境设计也应重点关注社会弱势群体、第三世界国家的环境问题与诉求。

2. 环境代际公正

代际平等原则是人人平等伦理原则的延伸与核心要求，不仅当代人与人之间享有平等追求幸福环境的权利，还包括当代人与后代人之间也享有平等的权利。当代人不应采取竭泽而渔的环境开发方式而损害后代人的环境权益。联合国环境与发展委员会将“可持续发展”界定为“既满足当代人的需要，又不对后代人满足其需要的能力构成危害的发展”，反映了环境代际公正与代内公正的辩证关系。

当下人们对地下水的过度开采已严重影响后代的用水安全。几乎在每一个大陆，地下水位都在下降，如美国南部的大平原、北非和中东的许多地区、印度大部以及中国的部分地区。比如说，中国北部平原地区的地下水位以平均每年 1.5 米的速度下降；印度地下水的提取至少是地下蓄水层集水速度的两倍，而且，几乎遍及印度的所有地方。当代城乡建设应提倡节水型的环境设计方案，抵制用自来水补水的人工水体景观的蔓延。

农田林地的大量丧失、现代农业所造成的环境退化也在威胁着后代的生存安全。在一些国家中，仅住房的建设就将夺走大片的农田林地面积。长远来看，当代各种化学肥料取代粪肥及其他一些保持土壤肥力的传统方法将降低未来生产力。当化学肥料给土壤提供一个短期的固氮时，它替换的只是土壤的营养素，而不是组成土壤共生的完整元素系列，但所有这些元素对于人类长期的健康来说是必要的。为控制病虫与杂草而在现代农业中使用的杀虫剂和除草剂也会危及表层土的生态安全。这些化学药品不仅杀死了作为其攻击目标的生命形态，也毁掉了维持土壤生态系统所必需的微生物。相应地，环境设计，尤其是乡村规划设计应引导村民采用适宜技术的、低干预的与具有生态补偿效用的生产生活方式。

总之，我们正在耗损人类生存所必需的绿地与淡水储备，而这可能使子孙后代的粮食安全与用水安全陷入危险的窘境。如何处理好环境代际公正已经成为人类共同的课题。

3. 环境参与正义

我们应当创设一套与环境建设有关的平等参与机制，使得各阶层利益相关方都有机会表达自己的观点，平衡各方的利益诉求矛盾。每个人都有权利参与有关环境建设的法律政策和规划设计的制定。参与正义是环境伦理的一个重要方面，也是确保分配正义的重要程序保证。在环境设计全过程中，应赋予每个人平等的设计话语权。

4. 环境生态安全

环境生态安全分为自然生态安全与文化生态安全。如上文所述，自然生态安全的保障，是需要协调好人与自然生态环境的关系、自然物之间的关系等。

似乎可以通过寻求环保设计、低碳设计、动物友好型设计等去找到解药。但是，人类对待环境生态物的非伦理态度，究其本质是人与人之间非平等关系的投射与延伸。环境文化生态安全的研究恰恰能填补这一问题领域。

美国癌症控制协会统计委员会的主席弗雷德里克·L. 霍夫曼提出："土著居民中癌症的罕见现象表明，这种疾病主要是由代表我们现代文明的生活状态和方式所诱发的。"当下的"进步"在其解决问题的同时，也产生了更多新问题。人们往往笃定科技进步将会解决人类所有问题，而身心俱疲的生活状态与步步紧逼的环境危机却提醒我们，保护身心健康可能需要重新审视人类"进步"与现有的社会文化机制、生产模式、消费习惯、生活方式和文化观念的关系。

环境文化生态理念强调人们应改变以往的过度消费方式，回归本真的生命需求；主张"极少主义"的生活态度与设计理念；倡导对环境友好的精神消费，从终极伦理关怀的高度抵御人类过激异化，缓解当下人类的普遍焦虑；另外，文化生态安全理念在对待传统文化、地域文化的态度上，秉承文化保护的多样性与地域性原则，将文化保护提升到文化安全的层次来考虑，乃至上升到国家安全的战略高度进行伦理观照。落实到环境设计伦理层面，则强调基于环境文化差异性的创新设计，积极发掘地域核心文化价值观，助推在地文化认同、文化资源活化，促进地域文化共同体的建构。

5. 环境伦理的发展

当前，环境伦理正从抽象的环境价值、权利、要素等纯理论思辨，逐渐转向将环境伦理付诸实践层面的价值考量。因此，环境设计伦理学便应运而生了。与环境伦理学相比，环境设计伦理学更具实用性，强调设计对于解决环境伦理问题的改善作用，是从更宽泛意义上的伦理视域，包括精神的、社会的、审美的、经济的等多个维度去思考和研究环境，进而指导环境设计实践。

第五节　环境设计伦理的多重维度

环境设计伦理是由环境设计学和伦理学相互交叉而形成的边缘性学术问题，以伦理学的视域考察环境设计活动中的价值取向及其在人居环境中的表征。环境设计是一门与自然科学、社会文化和人文艺术等多个学科相关的学科，这就使得环境设计伦理研究成为涉猎甚广的跨学科研究。

同时，环境设计还是一个具有多重层次与复杂尺度的系统，所以环境设计伦理的研究也应从精神、社会、生态、审美、经济、行为等多重维度来进行整体探讨。精神维度讨论人类思想史与文化观念对于环境设计伦理的影响；社会维度探讨外在的社会条件与环境设计伦理的关系；生态维度从生态可持续性与适宜技术等层面来协调人居环境发展与自然之间的伦理关系；审美维度以树立社会和谐美与自然生态美探讨环境空间的善与美；经济维度则将视角投射于环境的设计价值与所引导的合理消费观念；行为维度关注城乡环境设计过程中不同利益相关者在进行设计决策时所应遵循的责任与义务，由此建构起环境设计的伦理框架。

一、环境设计伦理研究的精神维度

人居环境的产生与发展变迁中，始终与精神文化息息相关。同一族群营造的环境尽管在不同时代、地域呈现千差万别的风貌，但在“图式”上是同构的，就是因其具有共同的精神文化基因，同时，环境设计伦理价值的表述亦在这一精神文化框架之下彰显。我国深厚的文化传统仍然影响着今天的环境设计，意味着传统设计伦理精神维度的惰性依然在当下的环境营造中展示着力量，与源于西方价值观的现代流行建筑文化相互冲突、纠缠与融合。因此，在中国当下的环境设计中，需要一种正确对待文化的伦理态度。

环境设计师的伦理责任是批判流行的建筑全球化，承认文化的地方性与差异性的设计伦理观，创造出属于各族群的特色和美的环境。如弗兰姆普敦所言，未来任何真正意义上的文化可持续都将依靠基本的地域文化形式。

1. 哲学层面探讨环境设计的伦理内涵

哲学思想的发展受到特定时期社会政治、经济与文化的影响，从而生成出特有的伦理观念。在不同的历史时期从事环境设计活动都将面临一个不可逃避的问题——我们因何而建？

古希腊环境建设体现出了城邦民主与自由的伦理精神内涵。中世纪哥特式教堂高耸入云的纵向空间与迷幻绚烂的彩色玻璃给人以宗教氛围的压迫感。文艺复兴时期，科学进步与人文思潮带来了理性的回归，此时的设计师们认为古典柱式构图所蕴含的人体比例与数学秩序体现着和谐与理性。步入近现代，环境设计蕴含着机器美学精神，形成了以“功能主义”为中心的审美范式，“装饰即罪恶”“形式追随功能”成为人居环境设计的新伦理诉求。但是，当“纯粹理性”变成僵化的技术理性之后，功能主义也成为教条，环境设计渐渐忽视了场所、文化、地理等多元化的因素。

人居环境是我们居留于大地的庇护所，又是协调人与社会、人与自然之间关系的桥梁。探讨我们因何而建的问题，实质是在追问我们为何存于世的哲学终极问题，诗人荷尔德林所称的“诗意的栖居”或许是对人居环境最为合适的哲学解读。

2. 文化层面探讨环境设计的伦理内涵

英国学者泰勒认为文化是包含了道德、法律、信仰、艺术、习俗以及社会成员能力等的一种综合体。文化的发展与人类的历史性活动息息相关，环境营造活动也与特定时期的文化所映射出的伦理观念有着互相依附的关系。例如，中国传统“礼制文化”所彰显的伦理秩序与传统环境空间布局的关系，“风水文化”中隐含的传统环境“生态观”与“场所观”。西方现代理性主义文化色彩赋予“诚实”问题成为环境结构与材料设计的核心议题。这些都对环境设计的思想产生了深刻的影响。吉迪翁认为现代设计文化是以道德问题作为其出发点的。后现代主义文化提倡的多元化，与解构主义的反对逻各斯中心主义、去权威化等也给环境设计思想带来了巨大的冲击。全球生态文化的觉醒也使得人们愈加关注环境设计中的环保意识。当下生态文明的推崇还是基于反对和反省人类以往破坏自然生态与文化生态的平衡为代价的发展模式，生态文化的主题就是人与自然的和谐。生态观正是一种环境设计伦理观。此外，维克多·帕帕奈克在《为真实的世界而设计》中也提出了关于“什么是真实的设计需求”等新一轮设计伦理的思考。

环境设计是利用各种材料与构建技术创造出客观实在的人居环境。在这一过程中，材料结构、审美理念、功能逻辑乃至空间组织逻辑都深刻反映了设计过程中的风俗文化、哲学观念等精神要素的影响，这些要素都会从精神维度上反映在设计所因循的伦理价值观中。

二、环境设计伦理研究的社会维度

环境设计伦理问题的产生是由其社会实践的外在需要使然。

现代主义设计运动的发端在于现代主义启蒙运动，在于现代科学技术发展的物质基础，在于两次世界大战之间及之后的社会需求。在这种背景下现代主义设计师满怀济世救民的社会责任和为大众开拓新生活的美好愿望，投身于解决因资本主义机器化工业发展而产生的城市居住、社会公正等问题的现实环境营造实践活动中。在实践中探讨的新旧建筑装饰问题、形式与功能问题，都曾上升到伦理之争，凸显了环境设计伦理的社会实践性。新的社会条件促使新的设计需求，而新的需求又常常诱发新的设计伦理问题。当现代主义建筑横行天下时、当人们坐拥美好的物质家园时，却每有怅然若失的乡愁，发思古之幽情，人们开始怀疑现代主义设计实践的伦理问题。同时，环境危机和能源危机也引发人们对以高能耗、高消费为前提的当代营造实践的反思。当引入代内公平、代际公平等原则，强调“价值敏感”和“全社会参与”时，又引发了环境设计伦理社会维度的新思考。

环境设计并非一个封闭而自足的系统，它与社会有着密切的关系。一方面，社会为环境设计的产生提供了客观的外部环境，是孕育新设计的土壤，而且，社会意识形态对环境设计的思想内涵、设计形式等也起到了重要作用；另一方面，设计推动了社会的发展，以及新的社会文化的形成。

环境设计伦理的社会维度探讨的是人居环境与社会的关系。人居环境具有投射社会结构的意义。例如，中国传统建筑布局中所蕴含的“中堂至正”理念投射出的是宗法等级制度和家国同构关系的象征，以及西方中世纪的教堂建筑空间所蕴含的“神权至上”等社会信仰。人居环境设计的社会性也体现在不同地域与不同类型的人群对于环境的不同使用习惯与精神诉求，需要创造契合地域性“精神特质”的人居环境。

此外，环境设计伦理的社会维度还关涉消费社会及其资本空间再生产背景下的社会正义问题。后现代主义设计所强调的大众多元化需求与语义的多重阐释也逐渐异化成为一种“营销的手段”或“包装的说法”，沦为资本与权力谋取剩余价值的工具。按照亨利・列斐伏尔所说，资本主义再生产使得在空间中的生产直接变为对空间的社会性生产。资本家将环境空间视为资本再生产的生产资料，城乡空间也成为权力凭借技术理性“区隔”不同阶层的媒介。基于此，当代日常生活空间的社会合理性危机，可成为我们重新审视环境设计伦理的新维度。

三、环境设计伦理研究的生态维度

“建筑环境论”是 20 世纪 70 年代首先在美国形成的一种有关建筑设计的新理论。这种将建筑概念扩展的学说受当时广为社会关注的环境问题和有关环境学科迅猛发展的影响。从环境角度认识建筑，是一种基于生态整体性的视域研究人类空间营造问题的新方法。建筑环境是一种人工环境，但与自然环境有着密切的关系。这是因为建造人工环境的材料和保持人工环境运行的能源均来自自然环境，而人工环境的特性也受到外在自然环境的制约。现代科技的发展为人类的理想插上了翅膀，但也使人类的欲望开始无节制地膨胀。高耸入云的摩天楼、高密度的大都市群落，成为今天人工环境的主要特征。在这些人工环境营建的背后是对自然环境和资源的大肆破坏和掠夺。“核冬天”的恐怖、“温室效应”的灾害，以及人口爆炸、环境污染、粮食短缺、能源匮乏、病毒横行等都在向人类迫近，人类面临着空前的生存环境危机。在这种窘境下，人们提出了环境设计伦理的概念。

建筑环境的建设是人类对自然生态的主要扰动之一，在“生态中心主义”者看来，建筑活动都可理解为在破坏自然，直接导致一些有机物和无机物比例失调，减少了区域内光、水、土壤相互作用产生自然资源的能力，由此在生态术语中，建筑被戏称为“寄生虫”。所以，可持续建筑的基本任务就是寻求对自然低干预的、最终有利于自然生态平衡的方法。在生态可持续概念下，讲建筑伦理，实质是探讨人居环境设计伦理。

人居环境关联了人类社会生活与自然生态环境，但却受到自然的约束，并且改变着人与自然的伦理关系。“人类中心主义”导致了自然生态急剧恶化。绿色、可持续、低碳等话题从生态维度为和谐人居环境提供了新的价值参考。在此，我们有必要关注以下几个方面：

1. 生态可持续指向

20 世纪 80 年代生态设计不仅提出了全面的、具体的设计价值、方法和思路，而且重在以自然界平衡的循环、适度作为设计的首要原则，在人类造物的整个生命周期过程中，力求在各个环节最大限度地降低对自然的影响。在进行环境设计时应遵循生态层面的本土化、节约化、自然化的设计原则，尽量减少资源消耗，强调再循环、再利用，实现生态可持续发展。伊恩·麦克哈格在《设计结合自然》一书中提到：如果要创造一个人性化的城市，而不是一个窒息人类个性的城市，我们必须同时选择城市和自然，两者虽然不同，但互相依赖，两者能同时提高人类生存的条件和意义。

可持续设计意指应该充分考虑人类代际之间利益的和谐关系，建立在对生态资源的合理、适度开发利用的基础上，最终打造一个适宜的、绿色的、生态的人类栖息地。它是社会公平正义的体现，是生态环境的伦理诉求，也是人居环境与自然和谐发展的根本途径。

2. 适宜技术指向

适宜技术最早是于 1969 年由诺贝尔经济学奖获得者 Atkinson 和 Stilts 所提出来的，原意是阐明发展中国家不要盲目效仿发达国家的先进技术，应该针对自身条件自行探索一条适合的发展之路。环境设计的适宜技术首先要求必须与本土的社会、经济、文化的发展水平相吻合；其次，适宜技术不是排斥和抵制高新技术，而是辩证地看待现代技术与传统营造技艺的融合发展。

四、环境设计伦理研究的审美维度

审美是人类价值观念的一种体现，具有功利价值、认识价值、宗教价值、道德价值、历史价值、政治价值等。在卡斯滕·哈里斯教授看来，环境艺术的审美价值问题属于设计的“精神气质”问题，亦是环境设计伦理问题。当人们基于一定的价值观对环境的审美属性做出判断时，事实上也是对其的伦理评判。

环境功能与形式的争论是设计界一个老生常谈的问题。沙利文有“形式追随功能”的著名观点，一些晚期现代主义设计师则提出了与此相反的观点：形式优于功能。通常认为造型设计主要体现环境“美”的价值，功能设计则主要是对“善”的环境价值的表现。自古以来，善和美的地位问题一直是设计师和哲学家争论的焦点。

苏格拉底等古希腊的哲学家多认为美从属于善，柏拉图提出精神之美，亚里士多德要求艺术应对人们产生道德影响，主张符合善的要求才是好的艺术。18 世纪的思想家门德尔松等认为艺术不是美而是善；另一种观点认为，善从属于美。舍夫茨别利等认为善是人内在的被动本性，唤起了美的体验也就达成了善的觉悟。对于环境设计领域，追求唯美主义和纯实用目的的创作，在历史上都受到了社会的谴责。康德曾指责唯美主义是不道德的。

审美体验应是环境设计所要创造的基本价值之一。我们不能一味追求外在形式美，更要注重影响审美价值取向的审美精神的指引。广义的审美精神指的是一种审美的人生态度和精神价值判断。狭义的审美精神是指在某一专业领域具有的独特审美旨趣，是进行审美创造和审美体验活动时所显现出的思想、情感、意识形态。审美精神是基于真善美的高度统一下人类价值的自我实现，是对人类永恒的精神价值的追求。此种审美精神带有伦理价值的判断，是异于当下人居环境中普遍的“消费美学”以及“权力美学”等以资本与权力为主导价值取向的审美态度。

1. 以社会和谐为旨趣的审美精神

随着“全球化”“城市化”的不断扩张，中国的城乡环境在取得了飞跃性发展的同时，也对日常生活带来了影响。我们仍需要通过建构环境设计的审美精神调和人与社会的矛盾，将某些冲突关系转化为审美关系和交流关系。而且，审美精神能够使人居环境的性质、价值、意义转向生活审美化、审美生活化，揭示幸福生活的真正内涵，促进和谐社会的建设。

2. 以自然生态为旨趣的审美精神

在现代社会盲目追求高 GDP 和科技水平的过程中，以牺牲环境换取经济利益的最大化致使人类正面临着前所未有的生态危机。生态审美并非意味着要求社会停滞不前、安于现状，而是要正确处理人与自然的关系。环境设计伦理所秉持的可持续发展观、和谐发展观、生态发展观、科学发展观中，无不透露着审美精神的灿烂光辉。

五、环境设计伦理研究的经济维度

1. 环境设计的价值思考

环境设计在不断创造“设计的经济”的同时，也应该做到“经济的设计”。和谐的人居环境除了应具有经济价值，还需要具有社会价值，主要包含两个方面：第一，人本主义价值，即要求环境设计的核心在于对人性的关怀。第二，生态价值，即要求环境设计能够对当下的文化生态安全危机与自然生态安全危机做出积极的回应。

2. 合理消费观对环境设计的伦理启示

环境设计伦理的经济维度应考量的重要方面是对于居住者消费价值观念的劝导。设计以消费话语为背景，却不仅仅是以消费为目的。我们需要在当下的环境设计实践中坚持一种合理的消费观。

1）适度消费

要求消费不超前也不落后。“超前消费”是指超出了人的真实需求，单纯将“奢侈”“时尚”等符码作为设计与消费目的，导致挥霍无度，奢侈浪费，消费与合理需求相悖。“落后消费”是一种禁欲主义的消费观，这种消费模式可能减少了资源消耗，但也抑制了人的合理需求，不利于人的身心健康和个性发展，因此也是不可持续的。

2）绿色消费

环境设计伦理推崇的绿色消费应该包含以下几个层面：第一，在消费对象上，劝导消费者选择尊重自然、保护生态系统的绿色环境及其设施，如生态建筑、生态家具等。第二，在消费过程中，应引导开发商和施工单位注意对建筑材料的合理运用，尽量做到循环再利用，将消费过程中的废弃物资源化，减少环境污染，确立一种效益型经济模式，以最小的成本追求最大的生态效益和经济效益。第三，在消费观念上，劝导政府和企业重视绿色环保教育，引导大众的绿色消费行为。

3）公平消费

公平消费体现在两个方面：一是消费制度的公正性，二是承认分层消费并保持分层差异的合理性。例如，在住房方面，我国各地相继出台了保障房管理政策，经济适用房、廉租房等的建设与供给有别于市场中的商品房，通过环境规划设计为低收入家庭解决住房困难，同时也须满足不同阶层的差异化环境审美取向与消费需求，践行“承认差异正义”。

六、环境设计伦理研究的行为维度

环境设计伦理是职业伦理的一种，是关于设计职业行为道德规范的讨论。人类营建行为须面临近期与长远利益、局部与整体利益、自身与甲方及使用者利益等之间的矛盾，设计师所面临的职业困惑实质上是一种伦理的困惑。

环境设计伦理的行为维度还应探讨设计师、企业、社会大众等利益相关者在设计决策行为过程中各自应承担的社会责任与义务。

1. 企业环境设计伦理规范构建

相关环境设计机构、施工单位与投资方等应具有以下社会责任意识：一是企业应恪守诚实守信和公平原则，凭借自身技术与管理的实力竞争，处理好自身利益与社会长远利益，维护良好的市场秩序和经济环境。二是设计项目应该以人为本，严格保证图纸与工程质量，把公众的安全健康放在首位。三是在保证工程安全的基础上，充分考虑环境行为特征和心理需要，满足大众对美好生活的向往。

2. 设计师所应承担的环境设计伦理责任

首先，维护环境“公正性”是设计师的首要责任，不分性别、年龄、阶级、地位等，应平等对待每个人，捍卫环境资源分配正义，关注社会弱势群体，避免设计产生等级差异的心理暗示，为社会公正作出努力。

其次，安全性保障责任。除了最基本的使用功能安全外，环境设计师还应当从专业角度出发维护生态安全，守护文化安全。文化安全不是一味地继承地域文化符号，或者对传统风格进行简单模仿与重组，而是应该建立在真正了解地域核心价值内涵的前提下，把握其中的精神特质。

最后，设计师与委托方最和谐的关系应当是平等的信托关系。当面临甲方利益与社会利益或环境生态发生矛盾时，不应以进退两难为借口损害公共利益，而应表达自己的态度与建议，积极提供更具价值合理性的设计方案。

第二章　环境设计伦理的精神维度

第一节　环境设计的精神维度解析

公元前800至前200年间，是人类思想史上著名的“轴心时代”，伟大的精神导师们不约而同来到这个世界指引着人类的前进方向，古希腊的苏格拉底、柏拉图、亚里士多德等横空出世，古印度的释迦牟尼在菩提树下参悟，而中国的孔孟老庄墨等百家争鸣……这些伟大的先哲们用他们思想的力量推动着世界前行，影响着人类的生活。最为重要的是，他们直接或间接地明晰了影响人类精神的两大要素——哲学与文化。哲学是一种精神意境，文化则是一个社会、历史范畴，是精神的一种外在形态，两者互为表里共同支撑着人类文明的发展。文化作为哲学思辨的基础和精神预设，为人们达到环境设计至善开通了精神隧道；精神作为行为意志与思维的统一，凝聚了中国传统心学所谓“知行合一”的内在力量。精神所带给我们的力量，形塑了自然存在者与伦理存在者。环境设计的精神维度虽然可以无限纵深，但仍然无法超越哲学与文化的范畴。因此，东西方关于伦理精神的探讨都离不开哲学和文化两个层次来讨论。

一、环境设计精神维度的哲学层次

哲学一词出自希腊，原意是“热爱智慧”“追求智慧”。哲学作为精神的一种内在表现，是人类精神中最为精致的表达，也是对日常生活的超越性说明。哲学作为一种尺度，不同于科学的、经济的、审美的这些外在衍生尺度，它是其他一切尺度的基础，只有依据哲学的尺度，我们才能在烦琐复杂的环境中探寻到事物的本质。作为人类生存发展思想基础的学问，哲学所追问的真、善、美永远围绕着“人”来展开，这种特质规定着哲学精神要不断地对人的思维进行反省。不管历史如何变迁，哲学为人类发展提供了思想营养，为人们开辟了新的精神境界，是对人的终极关怀和对“善”的不懈追求。

设计的基础是哲学思辨，也是设计的智慧。在当今的环境设计中，任何设计哲学都将回归到从生活出发的伦理精神。只有从人本出发，从日常生活出发，才是环境设计伦理的真正意义。然而，席卷而来的全球化浪潮，将人们卷入了一个多元与多样性的世界，人类的发展离不开哲学的指引，设计也是如此。古罗马的建筑师维特鲁威就认为哲学修养是建筑师所必备的。设计中的每一种思潮都蕴含着哲学思想，虽然技术可以达到一定高度，但是哲学思想却一直为设计提供着有效的思考模式与价值目标。就环境设计而言，虽然不同历史时期设计风格各不相同，但是作为设计灵魂的设计哲学，却以一种精神的存在始终贯穿其中。

二、环境设计精神维度的文化层次

对文化的定义一直是众说纷纭，但已获得认可的基本共识是：文化可分为广义的文化和狭义的文化。《中国大百科全书》将其界定为："广义的文化是指人类创造的一切物质产品和精神产品的总和。狭义的文化专指语言、文学、艺术及一切意识形态在内的精神产品。"在环境设计伦理研究中，我们主要讨论的是由物质文化和精神文化构成的广义的文化。

我们创造的精神文化凝结成各类文化形态，会体现在我们生活的住宅、公共空间等环境场所中。环境设计中的场所精神也就代表着国家、地域、民族的文化特征，这种地域文化又会反过来持续塑造着当地居民的特有气质与伦理价值观。

我国具有悠久的历史和深厚的环境文化沉淀，在特定文化熏陶下的环境设计也形成了独特的东方韵致。中国传统环境设计是一种关乎"伦理文化空间"的营造，诚如《黄帝宅经》所云："夫宅者，乃是阴阳之枢纽，人伦之轨模"。即它不似西方以追求空间体块美为主，而是以内敛的文化表达为环境图式结构，这是中国传统文化伦理在环境营造中的体现。任何设计活动都不可能脱离历史文化和时代精神，我们所知的环境设计也不单单是设计师的个人行为，而是一种文化建构、一种社会行为。

首先，中国传统文化以伦理为重。古代的城郭、寺庙、园林、民居等，无不强烈地彰显出以礼乐和谐为圭臬的伦理文化。

其次，一切文化皆为人化。中国人的文化心理是群体内聚型的，正如《庄子·齐物论》所言："六合之外，圣人存而不论。""合"便是从外向内聚合之意。中国传统合院建筑空间图式就是受这种文化心理影响，另外，诸如中国传统家具、乡村聚落乃至社会结构等都具备这种逻辑模式。

相较中国文化，西方建造文化更讲究的是空间几何构成逻辑的外显，与东方的内聚性正好相反，注重的是从内到外的空间张力体验。由于各自文化背景的差异，中西方对环境设计美的不同认识是一种历史的必然。文化是环境设计创新的直接来源。虽然不同的文化形态影响着不同的设计价值取向，但是文化作为精神维度的一个层面，正在丰富着人们的精神世界。

第二节　环境设计伦理观念流变

一、古希腊罗马时期伦理对环境设计的影响

古希腊哲学思想是欧洲文化的源泉。古希腊拥有一大批对世界哲学的发展产生巨大影响的哲学家，他们把人作为衡量一切尺度的出发点。古希腊哲学家苏格拉底在探讨最好的生活是否是正义的生活这个问题时，提出理性和体欲是灵魂的两个部分，当某人对某物具有体欲，它的灵魂就会试图通过意志将想要的东西得到手。而理性的作用就在于区分这种行为是否正义与道德。柏拉图提出灵魂的三个部分：体欲、理性与精神，精神能辅助理性执行决策。就环境设计而言，体欲就像人的环境需求，理性与精神就好比设计伦理的价值判断与行为意志，环境设计也应具有积极地追求正义的理性精神，为社会大众服务。

古希腊的环境设计是一个时代政治、经济、科技、哲学、宗教等诸多方面的综合体现。对古希腊人居环境影响最深刻的是城邦文化，其设计结合公共伦理与设计师的智慧，赋予了城邦民主与自由的精神内涵。古希腊哲学家亚里士多德在《政治学》中提出："城邦是功能借以显现其精神、道德与理智能力的框架"[①]。这些哲学伦理内涵通过环境建筑彰显出来。城邦的中心是神庙，承载了城邦的道德精神。古希腊人和神之间并没有不可逾越的界限，神庙的存在意义在于为人神的交流提供场地，集中呈现人和神的美德追求，人们在享受民主的同时也对自身的灵魂进行升华。希腊人希望找到这样一个人来维护他们的城邦，于是他们奉神为理想国的领导者，神庙所展现的伦理意识是将神祇尊为城邦的全部精神寄托。其不仅是城邦的宗教中心，也是公民日常生活、商业聚集活动的公共场所。古希腊以神庙为中心还常常配置竞技场、旅舍会堂等丰富的公共空间。古希腊的广场设计始终贯穿着"美德"与"民主"的理念，所表达的对美和理性的追求促成了环境的高度和谐。设计师将哲思和美德赋予雅典广场，引导了政治伦理辩论、商品贩卖等众多广场公共活动。古希腊早期的道路、连廊发展成由建筑群围合的广场，与其社会性伦理功能始终是相适应的。

① D.H.F. 基托 . 希腊人 [M]. 徐卫翔，黄韬，译 . 上海：上海人民出版社，2006：94.

哲学家毕达哥拉斯提出了和谐体系这一概念，他认为数是万物的本质，和谐是一种数量的关系。柏拉图赞同其观点，认为合乎比例的形式就是美的。早在古希腊时期便萌芽了理性主义建筑，它主要表现在与当时自然哲学相适应的理性思维。古希腊和古罗马时期很多建筑都严谨地体现着这一理性精神，如帕提农神庙等大量环境设计案例。建筑的理性兼容了经验主义和人文主义，崇尚人体之美，将这种感性的经验随之升华，于是建筑便成为理性的表达。古希腊三大柱式，如雄伟刚毅的多立克柱式、展现女性轻柔的爱奥尼柱式、更为繁多纤细装饰的科林斯柱式以及古罗马的五大柱式都体现了哲学中的秩序美。围柱式建筑开始成为这个时期占据统治地位的建筑模式，其布局、结构等比例关系都经过了严格的计算。例如，宙斯神庙的建筑正面与侧面多立克式样柱子的比例为 6：12，整体建筑风格更显沉稳大气。

环境设计作为物质和精神的统一体，它内在的文化精神远远超过其物质功能，古希腊人通过建筑环境表达他们对真善美的追求，同时也为环境注入了恒久的艺术生命力。古希腊设计风格形成的美学价值以及客观存在的建造式样将永远影响着人类的美学追求，成为积极向上的一种精神力量。古希腊环境设计结合了理性和美，体现的是理想主义与现实主义的融合；古希腊人把环境设计作为一种令人折服的高超技艺和独特的审美情趣，体现了伦理精神和一种历史价值观。

古罗马哲学家西塞罗受柏拉图、亚里士多德和斯多葛派思想影响颇深，他认为国家并非个人的产物，人的社会性使国家在历史进程中不断发展。他否定希腊人的城邦观念，认为国家是人民共同的事业，人们在拥有权力和法律的同时，承担义务、分享共同利益，转而形成一种“共和国”的理念。这一理念在古罗马建筑中得以体现，在新的时代背景下，古罗马的建筑风格由对神的崇拜转向了普世大众，从希腊人民热衷的“神殿”转向世俗的“剧场”“浴场”等公共建筑。罗马人非常注重公共环境工程，公共建筑在古罗马环境中占据重要地位，如：道路、桥梁、剧场、浴池等。其建筑特征以朴素严谨、坚固耐用为主。科罗西姆圆形大剧场的观众席呈扇形面向上向外辐射，能同时容纳上万民众观演。人们熟知的康斯坦丁公共浴场建于公元 4 世纪，罗马平民多将浴场作为公共空间以放松身心。

无论是古希腊还是古罗马环境设计都崇尚比例的和谐，哲学家对设计规则进行了哲学理论阐述，使这一时期的人居环境体系拥有了系统规范的设计伦理思想。这种蕴含深刻哲学思想的体系，在经过代际的传承后对世界的环境设计发展仍具影响。

二、中世纪时期伦理哲学对环境设计的影响

公元 4 世纪到 15 世纪的欧洲被称为中世纪，大约从西罗马帝国灭亡至文艺复兴时期开始为止。在这一时期，神学统治了西方世界，哲学让位于神学，但哲学却被视为最终通往神学的一个途径，成为寻找神迹的理论依据，在哲学中基督教也获得了自己的深度与力量。柏拉图在《理想国》中阐述了光的哲学理念，后经神学家们的演绎，柏拉图的先验性理论逐渐发展成为中世纪神学光照论。同时，信徒们执着建造心中的“光明之城”——教堂，也是一个不断追寻光、追寻上帝，实现理想的过程。

光被神学家们分为了四类：一是外部物理光线；二是人体感觉的光（这两类是较低级的光）；三是理性之光或道德之光；四是“天启之光”，是拯救灵魂的心灵之光、是超理性的最高级的真谛与神启。中世纪神学家也常常担当设计师一角，他们不同程度地接受了柏拉图关于感性世界与理念世界的二分法理论，坚信光是上帝的外在表现，是神圣与美的象征。正如但丁所认为的光象征的是上帝“爱、至善、至福”的三位一体，具有宗教形而上学的意蕴。

教堂环境“光”设计是我们理解中世纪哲学精神的有效参照。无论是早期代表拜占庭文化的索菲亚大教堂，还是中世纪晚期的哥特式教堂，都巧妙地运用了“光”来表现对神的敬仰和崇高精神。教堂内众多的天窗以及墙壁的彩色玫瑰开窗，将教堂内部映照得五彩斑斓。信徒们相信在充满光的教堂里才能更好地实现和上帝的交流。

中世纪教父哲学的重要代表人物奥古斯丁把哲学和神学调和起来，提出了“原罪”这一概念，他认为人从一出生就带有罪恶，因此婴儿从出生就要接受“洗礼”，只有神才能帮助罪人恢复善与自由的意志，人们对“善”的追求致使人们渴望和神的结合，择善是自由的必然选择。

中世纪的哲学家们认为环境设计的价值在于择善与对神的理想表达。这时期的建筑在宗教的影响下表现出了与古希腊罗马时期完全不同的风格。隐藏在风格下的是哲学理念和文化的差异。《圣经》中耶稣为了拯救民众的痛苦不惜牺牲，其灵魂一直都在为实现民众的理想而作斗争。这种崇高的精神表达在建筑中，就有了大量采用“十”字形结构的哥特式建筑，这些建筑中的礼拜大厅、圣坛、袖厅形成十字形，寓意耶稣受刑的十字架，借此宗教象征意义表达对上帝的信仰。如巴黎圣母院大教堂，平面形状好像一个拉丁十字。它是欧洲建筑史上一个划时代的标志，在此之前的教堂大多数是沉重的拱顶、厚实的墙壁、阴暗的空间，而巴黎圣母院创造了一种全新的、轻巧的骨架券，使空间空

灵、高耸，光线充足。中世纪代表性建筑哥特式教堂集中表达了对宗教崇高精神的信仰，高耸的尖塔、周身满布的垂直线造就了一种向上的动态，周围簇拥的飞扶壁结合高耸的塔尖，这种无限上升的精神状态无不体现出对天堂的追求。大量玫瑰花窗、边窗、天窗的设计将教堂内部映射得如天堂般光辉明亮，阳光仿佛神的恩赐照进人心，人们进入其中由衷地产生出对神的崇敬之情。

三、文艺复兴时期伦理哲学对环境设计的影响

文艺复兴是起源于意大利的一场伟大的文化运动，由新兴的资产阶级引导。文艺复兴兼容并蓄的力量在社会、文化、经济各个方面都产生了巨大影响。它倡导的是人的价值实现，为人在现实世界中的地位不断作出努力，其人文主义思想贯穿始终。文艺复兴先驱们倡导复兴古典文化，缘由古典时期强调的是以人为本，而不是以宗教神明为中心。由此产生的人文主义价值观对整个西方文明产生了深远的影响。

文艺复兴运动从根本上来说是“人”对抗“神”的运动。要推翻中世纪神主宰一切的观念，不仅要战胜超人的思想，也要证明超自然的思想。因此，在这一时期，理性作为文艺复兴运动初期的一种尺度存在，具有至高无上的地位。

文艺复兴晚期经验主义哲学的奠基人弗兰西斯·培根提出“知识就是力量”，借此抗衡教会的愚昧无知。他认为知识是为了让人们真实地了解自然、认识自然，用知识去揭示客观事物的规律，只有科学才是真正可信的来源，而不是教会宣扬的神学。培根的人文精神鼓舞了人们自由地探索自然和坚持真理，为人类造福。在环境设计中，古典建筑所呈现出的理性的比例之美得到了文艺复兴时期设计师的推崇。他们重新发掘这一理性元素，并再一次展现在人们面前。古希腊神庙中模仿人体形成的比例关系，让人们联想到柏拉图的哲学理论。中世纪基督教教会建筑中完全颠覆“人”的尺度传统，转向“神”的尺度，仅仅表达对神的崇拜。因此，中世纪的设计价值观念受到批评，古希腊、古罗马的设计文化被重新重视。哲学以及科学都在相对轻松的环境中逐步发展起来，在新的时代背景下，设计师的人文精神得到了充分展示，他们重新理解了“人”的尺度，一切以人为本、以人为中心，试图创造一种理性的人居环境。他们赋予环境人格，从而使环境真正成为属于人的宜居空间，这种环境设计因而便是真诚的、具有审美意义与价值的体现。

文艺复兴时期的建筑环境吸收了古希腊、古罗马的设计艺术和风格，融合了其人文主义思想，创造了丰富的环境类型。这个时期的建筑环境不是单纯的

古典复兴，在结合古希腊、古罗马建筑语言的同时，还创新了结构技术，创造了属于这个时期的独特环境，如佛罗伦萨大教堂、圣彼得大教堂等。此外，城市广场、公共图书馆、医院、别墅等都成为营造活动的新领域。这些环境类型所反映出的便是文艺复兴时期人文精神的一种写照。设计师们对旧的环境形式不断超越，以期望找到人在世界中的位置，而非限于传统神学思维的桎梏中。

在此期间，环境空间形式表现出了不同于中世纪的独特理性倾向，通过对几何形体、结构比例以及和人体关系的探索，逐渐将几何形体运用到时代的环境中。建筑的造型蕴含着和谐的比例关系，这种关系贯穿到建筑的各个细部，这种用比例来组织空间的做法是文艺复兴建筑的特点，这种特点昭示着理性以及为人所创造的理想主义精神。人文主义先哲在教会巨大的压力面前，坚定不移地追求真理、科学和人权，向根深蒂固的宗教学说提出了大胆的挑战和怀疑。设计师们以非凡的创造力，最终呈现出的环境空间描绘了全新的人与宇宙、上帝的和谐关系。

例如，伯鲁乃列斯基设计的佛罗伦萨主教堂，和谐的比例让人们对教堂的尺度有了新的体验。穹顶的结构和规模远远超过了古罗马以及中世纪时期。他倾向于以一个模数来控制整个建筑的形体与平面，并采用了视为异教表现的集中式平面和穹顶，使空间富有秩序与理性。设计师和工匠弃教会的戒律于不顾，冲破了教会的精神专制。佛罗伦萨教堂穹顶总高 107 米，成为整个城市的精神标志，无论在结构上还是施工上，都标志着文艺复兴时期科学技术的巨大进步。

文艺复兴时期设计师阿尔伯蒂认为最完美和最神圣的形式就是圆，圆形暗含了几何化的秩序概念，在当时，圆形的穹顶渐渐成了教堂的时尚造型，人们通过这种单纯的几何形体来诠释宇宙与人之间的和谐关系，给人们以精神的解放，环境设计作品成了宇宙秩序的一种象征。他在《建筑论——阿尔伯蒂建筑十书》一书中提到建筑应该作为一个整体，美则是从建筑的所有要素中获得的，抑或按照一定的规律赋予建筑以美的形象。他提出美的标准应该是数字、比例和分布，综合这些概念便成就了“和谐”的美。自然界每一件产物都受制于和谐的原则。建筑的各个部分都应该是和谐的整体，这样才能释放出“美”。他还进一步对于“美”与“装饰”进行了辨析，认为“装饰不是内在固有的，而是某种配属性的或附加上去的特征。”① 阿尔伯蒂看到了美的相对性，产生了设计的美和装饰分离的思想，这一思想也影响了现代设计伦理。

---

① 莱昂·巴蒂斯塔·阿尔伯蒂．建筑论：阿尔伯蒂建筑十书 [M]. 王贵祥，译．北京：中国建筑工业出版社，2016.

文艺复兴时期人文主义的时代精神渗透到了环境设计的方方面面，不仅影响了营造思想，环境的形式和种类也悄然发生着变化，环境空间布局展现出了新的秩序和新的面貌，设计师从大自然的和谐与美中得到启示，展开了对完美空间比例的追求，这也为以后环境设计的市民化开辟了道路。另外，设计师也从传统的工匠分化出来，为后世设计师专业化开启了良好的开端。设计理论也在这一时期开始受到重视，罗马帝国初期著名建筑师和工程师维特鲁威的《建筑十书》成为文艺复兴时期环境设计师的必读经典书籍。帕拉第奥的《帕拉第奥建筑四书》、维尼奥拉的《五种柱式规范》、阿尔伯蒂的《建筑论——阿尔伯蒂建筑十书》等意大利文艺复兴时期重要的建筑理论著作也相继出版。这些著作后来也都成为欧洲乃至全球的环境设计教科书。

这与文艺复兴时期追求科学、开明的文化风气息息相关。这种人文精神对人性、人道、人的价值的尊重和关怀，是对人类命运的思考和探索，作为哲学反思基本尺度的人文尺度，也可作为环境设计的尺度。以人文尺度来评判人居环境，才能辨别设计活动是否改善了人的生存境遇。

四、近现代西方哲学对环境设计的影响

近现代西方哲学思潮风起云涌，流派纷呈，对环境设计发展产生了巨大的推动作用。探讨当代环境设计伦理必须研究伦理标准，但解析道德的动力与利益也是不可或缺的。

1. 道德设计的动力与责任

18 世纪法国启蒙运动的思想先驱卢梭从人性“善”的视角提出了平等前提下的自由原则，认为追求平等与自由是人的本能，更是在社会契约论中表达了人类趋善的社会动力。德国古典哲学的创始人康德关注道德的动机和动力，提出的“道义论”否认行为或法规的好坏可以归因于它们的结果，认为道德责任应被视为先于一切的不可讨论的人类义务。在他看来，人的行为都是由意志所决定，道德法则能对人的行为提出要求，影响人们的意志，并通过对义务的敬重心使道德起作用。如果道德法则能被理性行为者接受并按照这个准则行动，那这样的行为就是善的，主张：“应当做到使你的意志所遵循的准则同时能够成为一条普遍的立法原理。”① 康德认为人类培育的责任感是道德的有效动力。在美国建筑师学会颁布的建筑伦理准则中，有关“诚实”“忠诚”和“不欺诈”

① 伊曼努尔·康德.实践理性批判[M].邓晓芒，译.北京：人民出版社，2016：30.

等设计责任的条款占到了近一半的篇幅。[①] 设计责任是设计伦理的重要组成。

我国当下出现的不少“非诚实”建筑，就是源于忽视设计伦理责任与商业化的过度操作。为迎合消费者对外来文化的猎奇心理，造就了建筑装饰的混乱与滥用。如我国一些地产项目中引入了大量欧洲古典建筑文化元素，为了降低成本，简化了精美的装饰，大多走失了其原有的韵味。对西方装饰艺术不合时宜的运用，甚至象征意义的胡乱堆砌，使建筑设计偏离了“诚实”。

近代著名的辩证法大师黑格尔是西方伦理思想发展史上首先对伦理、道德与法作出明确辨析的哲学家，其认为伦理是客观意志的法、道德是主观意志的法，提出伦理精神是自由的最高形式，将自由意志作为伦理道德的精神动力。另外，他在《伦理学》一书中还辨析了三个概念：家庭、市民社会和国家，这种探讨视角被认为是将尊重个人自由与保护隐私空间作为伦理合法性的标准，两者具有同等重要的伦理价值。人们也渐渐认同环境中应该划分为私域空间和公域空间，尊重个人隐私空间应是当代环境设计伦理的重要原则。

值得注意的是，在具体设计实践中道德动机与后果善之间、善与美之间、效率与效果之间的平衡常常令人陷入伦理困境。例如，康德一方面强调建筑装饰只有当它独立于使用需要之后才可能产生美学价值；另一方面又认为唯美主义是不道德的。从他的观点可看出善与美的复杂关系，以及人们平衡这种关系的困难。[②] 再如英国哲学家边沁设计的全景监狱，为提高监视效率，以眺望塔为中心布置圆形囚室，牢房窗户朝向眺望塔但囚犯不能确定狱卒是否在监视。这种全景敞式建筑其实是一种心理掌控设计，以实现囚犯的“自我监禁”，让囚犯感觉始终被一双无形的眼睛监视，从而被迫变得安分守己。这类空间的心理暗示虽然为监视提供了绝佳的效率，但福柯在《监督与惩罚》中认为这种空间监视已遍布整个资本主义社会，侵害了公众隐私空间。

近现代哲学家们揭示并辨析了资本与权力操控空间环境的内在机制，为当代环境设计实践提供了伦理批判对象。

2. 功利论与设计伦理共同体

德国著名哲学家尼采自诩为第一个反道德者，是人本主义伦理学由理性转向非理性主义的关键人物之一。他认为从苏格拉底以来西方文化和道德已走向历史，传统理想主义和基督教道德应该得到批判，他们禁锢并软化了人类生命意志，其“强力意志理论”是对人类一切道德传统的否定。虽然其论调似乎太

---

① 李向锋．寻求建筑的伦理话语：当代西方建筑伦理理论及其反思 [M]. 南京：东南大学出版社，2013：130.

② 陈喆．建筑伦理——关于建筑学中伦理问题研究 [D]. 上海：同济大学，2003：40.

过激进、极端，但启发了人们道德不仅具有规范性，还具有批判性与发展性。近现代哲学家们提出的功利论、契约论等就是建立在对传统道德规范批判基础上的理论发展。

利己主义与利他主义之争一直是困扰伦理学领域的问题，以霍布斯等人为代表的经验主义伦理学，将利己主义视为道德的基本原则，认为人的天性就是自私自利，因此，必须通过达成一种共识与契约以建构相互包容的理想环境与社会伦理共同体。边沁、密尔父子等为代表的功利论者还提出了建构这个理想国的"最大多数人的最大幸福"原则。舒伯特·斯宾塞也指出正义和仁慈兼具利己主义与利他主义，他将仁慈分为积极与消极两类，先天下之忧而忧、后天下之乐而乐的仁慈是积极的，人们不仅感受自己的幸福快乐，也能从他人的幸福与苦难中感受到快乐与痛苦；而消极的仁慈则使人们在不影响他人的活动中实现幸福，但也不会以任何方式承受他人的不幸与痛苦。哲学家们都在试图缓和利他与利己主义者之间的伦理纷争。例如，现在备受争议的"广场舞"现象，于利己而言促进身体健康，但噪声扰民却影响他人的正常生活。环境设计师应平衡好多方利益，达到最大多数人的最大幸福，为人们带来幸福感的公共广场空间。

哲学家罗尔斯等对霍布斯的理论进行了修正，提出了"为共同利益而合作"的社会契约论，认为社会公共利益来自不同职业间的分工合作。当某职业从社会分工合作中获利的同时，也要担负相应的社会义务与责任。环境设计职业同样也包含了一种隐性的契约关系：设计师与社会间的伦理关系，并形成一种设计伦理共同体意识，以保障社会共同利益的可持续发展。

3. 现象学与环境感知设计

胡塞尔的现象哲学推出了主体、理性和人性等诸多主题，给20世纪的西方哲学注入了新的血液。他认为无论是哲学还是科学的根本使命"应该是揭示普遍的人'生而固有的'理性的历史运动。"[①] 知觉现象学的创始人梅洛·庞蒂对空间体验及知觉也展开了系统研究。人道主义伦理学家弗洛姆在《自为的人》一书中也提出了伦理价值的标准是首先要"听到"自己，强调人类生存体验不能忽视自我内心的直觉感知，一味逃避和漠视人的真实需求。

现象学与一般哲学的不同在于具体问题上强调知觉体验，而非一般哲学形而上的思辨。现象学方法论以"日常生活的世界"为出发点，不仅是哲学思辨的产物，也是对人类价值体系断层的一次深刻反思。

---

① 埃德蒙德·胡塞尔．欧洲科学危机和超验现象学 [M]．张庆熊，译．上海：上海译文出版社，2005：17.

哲学现象学影响到了环境设计领域，现象学将人居环境考虑的问题还原到了人类最基本的日常生活中的直观感受，注重事物的表象以及对事物最初的经验。设计理念相比哲学思潮存在一定的滞后性，设计师们在哲学中吸收和寻找思想论据，同时设计作为文化的一部分便也成为哲学的研究对象。在这种互构的过程中，设计现象学由此产生。自现代主义以来，环境设计的风格形式、材料结构等都有了一定的“规制”，即我们所熟知的国际主义风格，通过包豪斯的设计教育传播，将这种教条主义的设计规制推广至全世界，造成在营造活动中忽视了特定场所、文化、经济、技术等因素。设计现象学提醒了设计师们应面对真实的环境去直接感知及体验，强调“感知设计”的价值与思维方法。

芬兰设计家阿尔瓦·阿尔托的感知设计方法就与现象学思维密不可分，在他的设计中看不到自以为是的、华丽的设计语言，满满的都是对于人性的关怀和对日常生活体验的洞悉。他反对建筑中的教条主义，在他的大量作品中，都能找到现象学的影响痕迹。例如，他设计的维堡图书馆，在运用最新的建造技术的同时，结合本土文化，在塑造空间、选择材质时有意识地唤起人们对特定场所的情感认知。标志性的天窗屋面、连贯的细木条铺装的木质覆面演讲厅，玻璃围合的楼梯，独特的建筑外形和自由的内部空间使该建筑在当时独树一帜。对于建筑细部的描绘、对场所精神的表达，通过听觉、视觉、触觉、嗅觉等感知的方式传递给人们一种独特的人性关怀。不难看出阿尔托早已将现象学的伦理思想融入到对环境设计的理解中。

尼古拉·哈特曼在反思现象学以主体意识及其意向活动为基础的认识方向上，对人类“存在”的伦理价值作出了有意义的阐释。他认为所谓道德意识是一种价值感，对价值感知得越深广，所追求的生活意义也就越真切。他认为伦理批判不是要重新估算价值，而是要重新估价生活。伦理精神的革命性并不是否定价值的绝对性，而是在生活中不断发现新的感知价值与“存在”意义。存在主义现象学代表人物马丁·海德格尔的“存在”也并非物质的“存在”，认为对建造活动的思考不能单单从艺术和技术的角度展开，更要深入到我们生存意义的层面关注人们的生存体验。

哈特曼、海德格尔等关于“存在”的现象学还原给环境设计中的伦理价值判断以新的启示，即栖居是一种“存在”，环境设计不仅要传达已有的道德价值，还应创造新的感知体验与生活意义。

挪威著名建筑理论家诺伯格·舒尔茨提出的建筑现象学，强调的就是人们对于环境的感知和真实体验。他关于“存在空间”“场所精神”“生活世界”等的论述引起了设计界的广泛关注。美国当代建筑师斯蒂文·霍尔提出建筑是一种存在，在进行建筑设计时要溯本求源，从感知出发去对待环境问题。他批判了现代主义过于具体的、教条式的结构表现，主张设计应深入探讨环境要素、符合场所精神，反对环境设计与象征或比喻勾连。他作品中对空间、材料、光影的现象学陈述给人与环境和谐关系以新的感知体验。

现象学对后现代主义环境设计思想也产生了积极的伦理反思作用，对于后现代主义设计视环境为宣泄情绪的工具持批判态度。人居环境的意义在于其自身的存在方式及其知觉体验，而非设计师个人情绪与复杂修辞的表达。环境设计应探寻“栖居”存在的本真意义。

4. 环境设计伦理的差异原则

首先，美国实用主义哲学家约翰·杜威认为哲学的本质是对方法论的探求，而不是对自在本体的寻求，伦理能为人们提供生活与行为方针，其真正内涵在于实用价值。他所定义的道德行为是“由各种价值观念或价值所唤起的活动，在这些活动中，人们所关注的价值相互间是如此地不相容，以至于要求人们在作出一种公开的行动之前要进行考虑和选择。”① 人的道德标准是随着社会不断变化的，环境设计伦理要关注并把握不同情境的差异性，不同环境利益相关者的价值差异性，从而有效引导人类的道德行为。

其次，环境设计的差异化伦理原则也可理解为基于人格的差异。人格主义伦理学的不同之处在于它撷起“人格”这一富有现代意义的新概念，主张人与自然环境之间的冲突也是人格的一种冲突，如何化解与自然的冲突，追寻真善美的价值存在，达到价值与自然环境一致，是人类伦理行为的目标方向。

再次，心理学家阿伯拉罕·马斯洛批评弗洛伊德的心理学停留在消极的伦理学层面，在他看来，研究人的整体动机和整体人格就应该看到人性积极的一面，应该把心理健康成熟的人与基本需要已满足的人作为主要研究对象。他的著名“需求理论”，将人的需求分为五个层次：生理需求、安全需求、归属与爱的需求、尊重的需求、自我实现的需求。事实上，除五种基础需要外，还有认知和理解需要、审美需要等共同构成了人类心理活动和行为活动的内在动力。马斯洛的需要层次理论为设计的差异化问题提供了合理的解释。设计师应了解服务对象的不同需求与欲求，一改以往沉溺于设计风格的小天地中的做法，积极地引导并创造出社会所需的道德趣味。环境设计应强调为残障人士、老年人、妇女儿童等弱势群体服务，要了解他们的差异化需求，赋予人居环境以应有的伦理品质。

---

① 约翰·杜威，詹姆斯·H. 塔夫斯 . 伦理学 [M]. 北京：商务印书馆，2019.

另外，需求和欲求也是一对永恒的矛盾，马尔库塞认为“只有那些无条件地要求满足的需要，才是性命攸关的需要——即在可达到的物质水平上的衣、食、住。对这些需要的满足，是实现包括粗俗需要和高尚需要在内的一切需要的先决条件。”[①] 帕帕拉克也曾强调设计应服务大众需求、抑制欲求。在环境设计中，满足人们基本生存需要的同时，创造差异化的、不同层次需求的宜居福祉，无疑也包含了对社会公平的乌托邦理想和伦理考量。

5. 政治伦理学与环境设计公正

在人类价值观念的发展历程中，政治伦理学一直占据重要的位置。以罗尔斯为代表的当代政治伦理学依据的理论前提正是自亚里士多德到近代洛克、卢梭和康德所建立起来的西方古典政治伦理学。罗尔斯期望在完善传统社会契约论的基础上以社会基本结构的正义为最高理想，而不是以最大限度的幸福为最高理想，以取代传统功利主义伦理。他提出的差别原则优先考虑最不利者的最大利益，并以惠及全社会所有成员为最终目标。公平并不总是意味平均分配，而是应体现在对弱势群体利益倾斜的差异上，反对只顾现在而不顾未来的做法，期望公平正义成为社会责任。当前的环境公共空间往往设计有宽阔的机动车道与停车场，却缺乏步行系统与残疾人服务设施，忽视了社会弱势群体的基本生活诉求。环境设计应保障弱势群体的基本空间权利，将伦理的“差异原则”作为检视设计行为的主要标准之一。

每一代哲学伦理学家的思辨汇集成流，与环境设计师的思想碰撞都会引发更多的设计创新灵感。环境设计创新也往往是基于伦理的思考。例如，包豪斯基于“为社会大众服务”的现代设计哲学思想，其反对代表权贵的装饰传统，提倡批量化生产、简洁形态，注重功能、理性化和系统化等创新设计理念，都体现了特定时代各领域智慧的价值伦理考量。古人云：“独以道德为友，故能延期不朽。”注重设计行为与道德的结合方能实现“知行合一”。环境设计的美德蕴藏在创造实践活动中，因为环境物是由设计师们通过理智追求卓越和人类善的目的的结果，是智慧和合作的产物。

伴随着各时代的哲学思潮，环境设计所融合的伦理文化冲击着传统的生活观念与模式，同时也在探索着人类全新的生活方式。当然这一切并无前例可以参照，所以无论是传统被打破，还是新的空间秩序被建立，都存在着无法预知的风险。消解这些环境风险的有效途径之一，便是对环境设计动机及形式来

---

① 赫伯特·马尔库塞. 单向度的人：发达工业社会意识形态研究 [M]. 刘继，译. 上海：上海译文出版社，2008：7.

一场伦理性的盘问与排查。由此，我们也可以窥见对环境设计伦理进行研究的目的与意义。环境设计伦理对于引导社会整体风貌与人的全面发展有着重要价值，人居环境会因为有着伦理约束才不会畸形发展。

第三节　从文化层次探讨环境设计伦理

关于环境设计本质、目的和伦理原则的探索都离不开文化层面的思考。设计文化将设计行为与人的生存发展和人性相结合，寻求着最贴近人性的道德方案。

环境设计也是一种文化创造过程，也可认为是环境文化的设计。我们站在伦理的高度上审视环境设计与社会文化的关系，将发现与拓展环境设计的范畴与含义，能更全面地认识和理解环境设计，创造出更贴近日常生活需求的人类福祉。

对文化的定义有着各种各样的解答，由于研究者们的研究背景不同，世界观、历史观也都有所不同，这些彼此间存在的差异也使他们对文化的定义大相径庭。其中，较为著名的有英国学者泰勒对文化下的定义，他认为文化是包含着道德、法律、信仰、艺术、习俗以及社会成员个人所得的其他任何能力的一种综合体。

一个族群的思维、行为方式、信仰和坚持，一个地域的制度等都深深被它的文化所侵染。同时，这个族群和地域创造出的任何环境风貌也都渗透着该族群的文化理念。这些环境文化概念的拓展建构着一个活色生香的世界。由此可见，环境设计活动都不可能遗世独立，而是存在于实际生活和历史文化的网络中，是在实用和精神领域寻找契合点的文化行为。诚如维克多·帕帕奈克在《为真实世界而设计》一书中的阐述：设计是一种具有意识意向性的行为。

一、中国传统文化根基下的环境设计伦理

伦理是人对一切现象的次序与关系的解读，包含着人与自我、人与人、人与社会、人与自然等的关系，也蕴含着处理这些关系所遵循的规范与原则，引导着这些关系的发展走向。几千年所形成的传统文化也生成着人们的伦理观念，承载着道德行为准则，即所谓“文以载道”。

原始人对天地的敬畏，到河图洛书的出现，我国顺应天与自然的思想一脉相承，封建社会时期董仲舒提出的“天人合一”确立了儒家思想成为统治者利用的理论工具，其中的尊卑有序也就成了帝王营造宫室的设计原则；另一方面，道家无为清净、顺应自然的思想也影响着士大夫阶层并被运用于造园艺术中。中国传统建筑环境文化作为中华文明的重要组成，深受传统文化的影响，与儒、释、道等文化思想唇齿相依，反映着传统的世界观、自然观、审美观。

环境设计凝结的不仅是一个时代精神文化的诸多特性，也反映了宗教、政治、社会的发展历程。其中，蕴含着的深厚的伦理思想，是社会发展的核心价值观。我国环境营造中蕴含的礼制伦理秩序是传统社会运转的必要条件，从环境的体量、造型、装饰、色彩、选材等方方面面都受着礼制文化的影响，也成为地域文化的外在表征。如果环境是一本打开的书，则在翻阅这本书的时候，可以从中看到当地居民的抱负。基于对环境的了解，我们才能更深入地认知博大精深的地域文化。

“文化看似柔弱，实则坚强。当历史的尘埃落定，许多喧嚣一时的东西都会烟消云散，唯有优秀的文化，会长留世间。”[①] 中国传统文化较典型的有“官文化”“士文化”“俗文化”“风水文化”“宗教文化”等。

1. 官文化

官文化被封建统治阶层用于巩固其制度以及宣扬其意识形态。封建王朝的上层建筑自上而下犹如宝塔一般，天子高居塔顶，享有绝对权威。自天子而下不同阶层诸如诸侯、士大夫、庶人等之间也有着难以跨越的沟壑。这种等级森严现象的背后是传统伦理道德中君臣、尊卑、主从等与政治相关联的秩序。

以儒家为代表的“礼”文化是一整套巩固上层建筑统治地位的政治手段与制度。这种波及传统社会每一分子的伦理规范有着一系列道德要求，强调“父子有亲，君臣有义，夫妇有别，长幼有序，朋友有信”。以孔子为代表的儒家伦理的另外一个特征就是“贵和尚中”，总是表现着中庸之道，端持着以和为贵的传统以维持社会稳定。这一点也深深烙刻在官文化之中。

官文化影响下的建筑及其环境也自然成为礼制精神的表现载体之一。各个不同等级阶层的住房标准在规模尺寸、色彩、装饰图案等方面也被严格规定。

---

① 孙家正．文化与人生 [N]. 中国艺术报，2011-05-13[2023-07-11].

北京故宫作为官文化的经典代表，是我国现存传统建筑群中成就最高，技术及表现最为成熟的宫殿，处处都体现着儒家伦理的礼仪秩序。故宫整体环境依照前朝后寝、沿南北轴线布局，前朝三大殿主要作为皇帝处理政务、协商国事的空间。因此，这些最高等级建筑规模气势最宏大，细节装饰最为精致华美，皇权的威严与崇高被渲染得淋漓尽致。帝后寝居之所的规模较前朝三大殿要小得多，也不如三大殿奢华气派。其他皇族宗亲住所就只能布置在轴线侧面，规模更小。所有这一切都是为了烘托皇权的唯一与不可侵犯。明北京城的布置也十分重视礼制，其中最为重要的一点就是将故宫置于城中心以烘托皇宫的重要性。战国时期的《周礼·考工记·匠人营国》篇中也规定："匠人营国，方九里，旁三门。国中九经九纬，经涂九轨。左祖右社，前朝后市，市朝一夫。"明北京城体现了封建皇权为上的营造伦理思想，皇宫居轴线正中，左右分布太庙和社稷坛，城外四周则分布着天坛、地坛、日坛、月坛，与高耸的城墙一起似群星将故宫拱卫。儒家的"贵和尚中"也在这布局中尽显，井然有序中流露出现实理性精神。

官文化影响下的故宫表现出的群体美也是区别于西方古典建筑的一大特点。受宗教神权影响的西方古典建筑往往突出单体建筑峻拔的雄伟。而采取轴线对称、严谨构图的故宫建筑群，为了获得整体秩序的美感，往往在建筑单体上不会过分凸显，造型处理上也十分形似，服从建筑群整体美的需要是每个建筑单体都遵循的规则。即使是前朝的三大殿也只是群体中的有机部分，鲜有个性特征。这些特征也正是儒家伦理思想中强调的"群体意识"，在人伦秩序中恪守本分，维持着整体的和谐。因此，我们也可以发现，在这个礼制文化中个体的创造力和个性的宣扬都被压抑，封建伦理含情脉脉地覆盖了一切敢于挑战共生群体的小众。这一切即使是在统治阶层居住的故宫也不能有丝毫出格，可见官文化礼制是何其无所不入。

当然，会有反驳者认为诸如颐和园、圆明园、避暑山庄这些皇家园林并未沾染过多如上所述官文化的气息。诚然，皇家园林表现出的礼制伦理未有如故宫般强烈，但是皇家园林只是改变了表现方式而已。九岛环列的圆明园后湖意指"禹贡九州"，其中的东海之福、紫碧山房分别象征东海和昆仑山。清漪园的耕织图象征天子关注社稷民生，南湖岛上的凤凰墩与龙王庙则寓意着"龙凤呈祥"，这些环境设计都在文化上抒发了天子的心怀天下、恩威四海，以此彰显至尊皇权。

官文化作为一种政治伦理意识，从古到今、从上而下渗透着各个阶级层面。环境设计在封建时代作为一种低等的行业更不能免除影响。这些在传统文化中寻觅的伦理意识是对环境设计未来意义的观照。

2. 士文化

传统“士文化”自春秋末期后得以兴起，可以说是从宗法的桎梏解放出来具有独立精神品性的一种文人文化。其最大的特点便是，文人士大夫阶层单纯地追求高雅的生活情调和审美意境，不讲究士之间的地位尊卑、不展现彼此间的权利纠葛、不炫耀财富家境，往往寄情山水，感怀自然、人生，更甚者退隐山林、闲云野鹤、高山流水。士人情怀所形成的隐逸文化也自上而下渗透改变着这个封建社会的品格和审美取向。例如，文人园林就是“士文化”折射到传统环境设计上的典范。

古人有言，以佛治心，以道治身，以儒治世。在儒道释三者的融合影响下，士文化表现出多面性的思考。儒家提倡的礼制伦理、道家侧重的天道自然、佛教推崇的心灵境界等，从不同哲思角度影响着士人，也影响着文人环境营造的伦理意蕴。

首先，文人园林在立意、设计、施工等各个环节中都会受到士的价值观、审美观的深刻影响。自魏晋南北朝文人园林兴起始，文人士大夫在园林中煮酒论诗、挥毫泼墨，在诗情画意中意兴神交，而文人园林的发展也深受士阶层诗论、画论的影响，追求着山水自然最真实的神韵。园林设计师也深谙此道，在有限的空间内用象征、隐喻等手法创造层次丰富的空间并模仿出自然姿态。文人园林集中了建筑、山水、植物等多种艺术表现形式。从使用功能来说，园林将游览、娱乐、会客、居住融为一体。上升到精神层次来说，园林陶冶人的性情，传递着文化的芬芳。可以说，园林是物质与精神两种文化的完美交汇。这种形而上与形而下的结合实质上也是园林与人的社会同构，是人类文化的一种衍生品。园林不仅是技术的堆砌也是文化的繁衍。造园时曲折幽然的道路带动了空间序列的节奏，也增添了其趣味内涵。移步异景地展现空间景物不被一眼看穿，留有余地和韵味，人们在游玩参观时也会对未经历的空间产生诸多期待。曲径通幽的意境从文化层面上来说，士文化汲取的禅、道文化都表达了委婉、含蓄特质的重要性。他们认为自然间的规律和神秘是无法用具象的语言来完整表达出来的。这种犹抱琵琶半遮面的含蓄意境被广泛运用在造园艺术中，正是文人伦理个性的完美表达。明朝出现了系统的造园专著，计成在《兴造论》中提出“三分匠，七分主人。”这里的主人就是指环境设计师，强调设计师的品位修养以及学识会潜移默化地影响园林的品质。如明代画家陈继儒所言“主人无俗态，作圃见文心。”

其次，文人阶层通过笔下的文学艺术作品直接或间接地引导着环境发展轨道。一个环境的文化氛围往往通过其高雅品格的相关诗文绘画等来烘托。一些环境景观通过诗人的描绘，画家的描摹，才将影响力传播出去。并且，环境中蕴含的伦理思想也渐渐为世人所知，在历史沧桑之中起到了积极的道德教化作用。“落霞与孤鹜齐飞，秋水共长天一色”的滕王阁，“先天下之忧而忧，后天下之乐而乐”的岳阳楼等，与其说是环境构筑物，还不如说是伦理宣言。

再次，士的活动也直接创造了若干建筑类型，而且是这些建筑的主要使用者，其中的书院建筑最具代表性。书院首先体现出“礼”的精神，布局严格执行着礼仪规范的要求，“尊师重教”通过建筑的主从和尊卑来体现，利用轴线来疏导和组织主从建筑的布局。士文化还讲求“礼乐相成”，而“乐”则表现在院落分隔、空间渗透等整体的和谐上。儒家崇尚简朴，所以书院建筑也大多朴实无华，反对繁复的装饰。建筑群淡雅清新，色彩以黑、白、灰为主，追求意境和情趣。虽然不奢华富贵，但是对诸如门窗格式、园路铺设等细节处理又极为考究，处处体现出文人雅士的情致。其中，具有代表性意境的书院便是坐落于湖南长沙的岳麓书院。读书人在此聚集，他们藏书、读书、讲学、思考，书院也逐渐成为士阶层传播知识的主要场所。

薪火相传的士文化在建筑环境中传承伦理思想，环境也因高品位的文化活动增加了道德气质。这种物我相融的境界不仅体现在书院、文人园林住宅中，还广泛流播于传统公共景观中。

3. 俗文化

我国俗文化的形成源远流长，基本可以概述为对人伦喜乐生活的快意追求。俗文化更多地关注人生现实，是一种生活实践理性，追求实用价值，强调家族利益。如此赤裸地追求所形成的文化往往会展现出稚嫩、娱乐甚至偶尔粗鄙的一面。浸透的功利文化价值观念与审美情趣杂糅在一起形成了这种最平凡真实又略显矛盾的文化。一方面是大众渴望着自由的感官表达，另一方面则是对功利地位过分的执着。

我国封建时代的“家国同构”意指一个家庭，一个家族，一个国家，甚至整个社会都具有内在结构的相似性，以此形成一个有序分层的社会整体。家与国的同一其实也寓示政治伦理与生活伦理的一致性。这一概念反映在民居环境设计上，则表现为建筑追求人伦秩序、人与自然和谐、建筑组群间的统一。民居四合院形制早在西周就已形成，正是俗文化的典型代表。

四合院完完全全地体现了人伦与建筑的完美结合。它以轴线贯穿整体，有主有次，体现了一个家族中长幼、嫡庶、贵贱的关系。在外在表现形式上，它内敞外封、对称简洁，这些都反映着中国人追求安稳的生活轨迹和偏爱和谐对称的审美心理。

《礼记》中居家之礼是“为宫室，辨外内。男子居外，女子居内，深宫固门，阍寺守之。男不入，女不出。”即男女之间应有不同的居家方式。住房的营建应当清楚地划分内外空间，这里的内外着重表达的不再是空间的秩序而是强调人际关系的伦理功能。家庭主人与其他成员会按照亲疏重要关系向四方散开构成一张人伦等级关系网。反映在四合院中，正房朝向最为良好，也最适合居住，往往把祭祀、会客区设在此处。除去正房，剩余的厢房、耳房、后罩房也都依据各自居住者的等级砌筑，尊卑区分明显，体量高度也都有着明显的差异。四合院俨然是一个内外严分、平衡对称、等级严明的家族架构，是封建礼制与社会伦理规范的极致展现。伦理秩序在这里既组织着人际关系，也组织着环境的空间布局。

体现俗文化元素的还有丰富的民居建筑装饰。这些装饰选材丰富、广阔，从文学小说、传说典故、历史轶事到大罗神仙造型、市井平民生活点滴，包罗万象，将所想所需的愿景刻画在楹联匾额、景墙石碑上，宣扬着每个个体的日常生活诉求，最是庸俗，也最是真实。

俗文化作为最贴近现实生活、最平易近人的文化类型，影响着民居环境的一砖一瓦、一草一木。

4. 风水文化

中国人对于“人与自然无法相离”这一认知的狂热，放之四海无人可比。而最能体现这一特质的便是对风水的热衷。“风水”出自郭璞的《葬经》：“气乘风则散，界水则止。古人聚之使不散，行之使有止，故谓之风水。”“风水”文化包含生态环境、水文气候、文化心理等一系列元素，将这些元素与人可能面对的福祸吉凶相对照，并运用于建造宜居环境。

风水学可大致归为两派，一派是理气宗，另一派为形势宗。前者讲求方位八卦、居住者生辰八字等，特别重视以罗盘定位、阴阳相别、五行生克；后者则讲求形势与形法，重视地理地貌的决定作用。风水是古人总结自然规律并且添入一些经验与想象而形成的，兼容了人文地理等多个领域的理性思考，其中添加的文化想象也符合中国人一贯的行为准则和审美意识。历史上中国诸多的建筑环境都是在风水文化的引导下建成的。

这些建筑群中被风水影响最深、最广的应该就是历代皇帝所居住之场所。以故宫为例，“大哉乾元乎，刚健中正。”[①] 天子即象征着乾，天子居于天地之间，上与天和、下与地亲，故在故宫中，天子处理政务和休憩的三大殿建于

① 王弼．周易注疏 [M]. 上海：上海古籍出版社，1989：40.

中轴线上，中轴线上从外而内经过的天安门、端门、午门及三大殿都采用了面阔九间、进深五间的形制，直接表达了天子居九五之尊的含义。而三大殿所在的汉白玉大台阶的比例也是9：5，处处体现着天子的权威。《周易·琢传》说："大壮，大者壮也，刚以动，故壮。"大壮者，阳刚、雄壮之美也。这一尊"大"思想在历代皇宫中都有体现。秦之阿房宫、汉之未央宫等体量规模都恢宏壮阔。

此外，帝王的陵寝建造和选址蕴含着深厚的风水文化。明朝时期皇家陵地卜选采用的是形势宗风水术。墓地十分讲究"上风上水"，北京的西北方是上风上水方向，明十三陵就坐落于此。从天造地设的天然脉络和理气形势宗的风水气场分布来看，明十三陵开合有度、藏风聚气的地理格局都不可多得。陵区面积四十多公里，山环水抱、负阴抱阳、明堂开阔的自然环境结合陵区的人工环境建造，使明十三陵成为中国古代皇家陵墓的杰出代表，充分体现了天人合一的哲学观点。其北面以发起于太行山脉的天寿峰为主峰，其为陵区最高峰。东西北三面群山环抱，山间众溪流汇集成河道蜿蜒至东南方，显示了皇权的肃穆庄严和恢宏气势。

《国语·越语》中记载范蠡曰："人事必将与天地相参，然后乃可以成功。"时至明清，风水已经从单纯的相地之术发展到具有完整体系的方法论思想。风水学所关注的人、建筑、自然的关系同"天人合一"的哲学观念有着很深的渊源。

《黄帝宅经》认为："宅者，人之本。人因宅而立，宅因人而存，人宅相扶，感通天地。"例如，位于晋中盆地中部的祁县古城，其布局、选址、规划、结构、造型等也蕴含着深厚的风水文化。古城周长为6华里，取偶数"六"，与古代方位符号：八卦，十天干，十二地支及二十四山向等偶数系列相呼应，表示上下、左右、前后等时空概念。祁县乔家大院的布局更是深谙《易经》数的等级观念。古人认为"六"为圆满吉祥之数，与"禄"同音，象征福禄、六六大顺。进入乔家大院大门是一条长80米笔直的石铺甬道，把六个大院分为南北两排。以八数定长度寓意四平八稳、四通八达。另外，乔家大院北面三个大院依次由正东向西北逆时针旋转排列建造；南面三个大院依次由东南向西南顺序排列建造，最终交汇于兑卦（正西方）。这是一种按照"太极"运行轨迹建造房屋的方法，属于古代高层次建筑规划师所为。①

---

① 孙景浩，孙德元．中国民居风水[M]. 上海：生活·读书·新知三联书店，2005：18.

5. 宗教文化

1）道教对环境设计的影响

道家所言形而上者谓之道，是以大道无形“无为”作为行为准则，“无为”观体现着道家的崇尚自然，处处显现的自然之道更不必刻意人为搜寻。

人居环境与道家思想相结合成就了中国传统建筑特有的模式。返璞归真追寻自然真切，反对刻意雕琢装饰。这些品格在中国园林设计中表现尤甚。庄子有云：“夫虚静恬淡，寂寞无为者，万物之本也。”知者乐水，仁者乐山，中国园林山水意境就像在诠释着这种深刻的伦理思辨。这种糅合了山水自然性的园林艺术也体现着道家的生态审美意识。古人常在设计园林时采用“借景”“错景”“障景”等手法来处理园林中的景观环境。正如计成所言：“虽由人作，宛自天开”。这种巧妙的契合，其实早在设计之初就已将自然形态勾勒于脑海。这既是对大自然明察秋毫般的观察，也是营造时处处随机应变的“无为”。这其实是用设计师与工匠的“有为”反衬出“无为之道”。只有内心有为才能创造出无为的境界。

以苏州拙政园为例，其水面约占整个园林面积三分之一大小。在运用水的基础上，采用漏景的手法，通过花窗与漏窗取景，也能在植物中窥得几分天地，使人无处不能欣赏美景，发现乐趣。大面积的山水也使得整个园林疏朗典雅，自然天成。园林多以水池为中心，水面平静无物，四周是建筑物。正是体现了《老子》中提及的：“致虚极，守静笃”这一哲理。园中园以及多空间的庭院组合取得了丰富的空间层次。由小沧浪凭栏北望，层次深远。再配合假山直道、亭阁树木进行适当的补白，整个园区的布局虚实相生，达到了一种“空则有，有则空”的无为境界。

“道观”选址渗透着“归隐”理念，一般选在被称为洞天福地的、景色秀丽的、远离都市的名山大川中，表达出一种复归于自然的思想意识。这种清静无为的环境规划也是受到了道家“清静无为，少欲寡欲”思想的影响。另外，明清时期道教逐渐走出山林，像龙王庙、药王庙、城隍庙等出现在了居民生活区域，一方面是为了民间大众祭祀祈福的方便；另一方面也是朝着人神同乐的世俗化伦理转变。

2）佛教对环境设计的影响

不难发现佛教信仰对我国建筑环境设计有广泛的影响。中国历史上曾出现过多种佛寺环境布局形式。其中，廊院式布局出现最早，这种形式不仅结合了我国传统的构图习惯，也受到了印度佛教寺庙布局影响。这种形式的主要特征是用廊屋将每一个佛塔或殿堂的四周围绕，继而形成独立的院落，这些院落和四周的廊屋组合成了所谓的廊院。小的寺院可能由单个廊院构成，大的寺院则由许多廊院组成。这种形式的平面构图有着强烈的向心倾向，突出着位于中心的殿堂或佛塔，并且拥有良好视野的宽敞廊壁，也是酝酿佛教壁画的温床。虽然对于每个独立的廊院单元来说，这种形制以突出中心体量形成了强烈的艺术特征，但是对于由多个廊院组成的整体则会显得主题过于分散，缺乏统一构思。若场地是一些复杂的地形，也会使这种形制较难实施。廊院式也渐渐被纵轴式的布局所取代。纵轴式这种布局首先是在场地内寻找一条合适的纵轴线，然后分等级次序地将各个主要殿堂分布其上，并且在这些主殿左右都设置配殿，这样就形成了三合院或四合院。这种布局秩序井然，有层次地引导参观者游览寺院全部，并且由浅入深，最终达到信仰高潮。而出现较晚的自由式布局是跟随藏传佛教盛行而在西藏等地创立的。形如其名，这种布局既没有固定的廊院也没有特定的轴线，而是按照地形在寺院中布置各类塔殿，在变化中追求协调和美感。

古有谚语，“先有大佛，而后有大殿”。可见佛寺室内装饰与整个寺庙的形式是等量齐观的。由于佛教雕塑体量都较大，如何塑造室内大空间成为佛教建筑最先要解决的问题。因为中国古建都采用木结构，所以给佛教建筑室内雕塑带去了很大的灵动性。正如汉传佛教中对建筑与雕塑契合的重视，通常佛像或者佛塔的体量会决定寺庙建筑所采取的结构。一般而言，菩萨与佛或高大雄伟或绚丽夺目的姿态，都是依靠在佛像背后升高立柱或简化其他承重构件的方式来完成的。另外一种常用的手法则是在佛像上方设置藻井以提升整个空间高度。这两种方法都给殿内佛像营造出充分的空间，凸显出佛的高大和室内的肃穆。

从五代十国佛教传入兴起到隋唐时期，佛教艺术逐渐中国化。我们在各种建筑形态方面都深受佛教影响，敦煌莫高窟、龙门石窟、大同云冈石窟中的佛像、壁画令人惊艳。吴带当风，唐朝著名画家吴道子在长安与洛阳所著的三百余幅佛像画作更是栩栩如生，增添着建筑的气质和深度。我们眼见的那些或气势宏伟的佛像雕塑，或香烟袅袅的山中寺庙，或五彩斑斓的佛像壁画，都将佛教文化或温柔或强势地压入内心。佛教思想观念也随着建筑环境的不断营造而广泛传播。

我们很容易在传统文化中寻找到建筑环境和文化之间千丝万缕的联系。在环境设计中，中国的传统文化相互渗透、交织融合在一起。建筑被誉为“凝固的历史”，毋宁说人居环境是“流动的伦理意识”，对我们窥得中国传统环境设计伦理的历史内涵具有重要意义。

二、西方现代文化根基下的环境设计伦理

传统的环境设计伦理思想大多带有明显的政治与宗教色彩。世界性的工业革命发生以后，设计从理念、方式、手段以及设计的独立价值等方面开启了全新的思考，环境设计伦理也有了全新的价值内涵，是现代经济和市场活动不可分割的重要组成部分。

我们对西方现代环境设计伦理的讨论，离不开工业时代这个大的背景，现代设计先驱们以乌托邦式的狂热探寻设计的时代精神，他们认为设计伦理意识应该表现在对社会问题的思考上，使设计成为重构世界的手段，重构一个社会和谐、公平正义的全新世界。

约翰·拉斯金与威廉·莫里斯二人的理论开创了从社会与伦理的角度去审视现代设计问题的先河。约翰·拉斯金的著作中充满了对“道德”设计的论述，并认为设计中的一切法则都应是道德法则。威廉·莫里斯疾呼只有艺术与技术的统一才能实现功能和美的统一，主张设计要为大众服务、为大工业化生产服务。

传统建筑所代表的社会道德观，也遭到了现代主义设计先驱们的诘难。阿道夫·卢斯提出的“装饰即罪恶”也批判了那些矫揉造作的传统建筑装饰，从物质层面上来说，不仅浪费材料还消耗了人力；从社会层面上看，过度装饰的设计依然是为权贵服务而不是为平民。卢斯将建筑设计中的形式问题与社会伦理问题联系到了一起，认为装饰问题不仅是美学趣味的问题，更是可以影响人们福祉的问题。他主张设计伦理应该作为衡量设计价值的重要尺度。

现代主义设计先驱们还将设计作为一种主要的社会创新的引导力量。蓬勃兴起的现代设计运动在关注经济发展、技术进步的同时，与纯粹的资本主义商业行为保持着疏离的态势，甚至是反对资本主义的。设计师的社会意识开始觉醒。提出兼具城市和乡村优点的“田园城市”的霍华德，针对英国工业化和城市化带来的各种环境问题，试图通过新的城市规划理念，将城市中聚集的人群分散到郊区，以解决城市人口高密度的问题。柯布西耶则在“田园城市”的基础上转而提出“光明城市”的构想，并不是选择逃避高密度的人口问题，而是缓解城市平民住宅短缺危机。他将简洁的形式、低廉的造价和健康的生活方式融入其环境设计方案，依附技术层面下大规模标准化、模式化的生产，企图通过建造纯粹功能主义的建筑来化解战后的社会矛盾。他在其中把道德伦理问题作为设计的首要关注点，赋予为平民设计以强烈的道

德责任感。现代主义设计运动的发起者——包豪斯的师生也抱有同样的社会理想，通过环境设计达到社会改良和社会稳定的目的。格罗皮乌斯主张为工人阶级设计健康住宅，鼓励适合工业化批量生产的设计方案。尔后，密斯为能快速满足普世大众的空间需求提出了“少即是多”的理念，将建造的便捷化、工业化推向了一种追求极少主义的设计美学。先锋设计大师们的平民住宅设计实验给现代社会生活都带来了深远的影响。北欧设计大师阿尔瓦·阿尔托将这种平民化的设计理念结合有机自然融入建筑，形成了具有斯堪的纳维亚特色的有机现代主义设计风格。尊重自然的伦理思考是北欧设计的重要特征。

随着现代主义运动中心从欧洲转向美国，乌托邦式的现代主义逐渐被商业化操纵的国际主义风格代替。1972 年，山崎宾设计的“普鲁蒂—艾戈”公寓，因其冷漠单调的风格，以及长期无人入住而被炸毁。这一著名的案例被视为现代主义的终结。其走向尽头源于剥夺了人们选择丰富生活方式的可能性，招致大众产生普遍反感，违背了为大众服务的初心。

文丘里等人对清教徒式的现代主义道德理想全面否定，他们斥责清教徒式的正统现代设计的道德语言，鼓吹设计的复杂性和矛盾性，宣扬设计的多义性。在文丘里的倡导下，后现代主义对极端的现代主义进行了伦理反思，转向装饰意义来阐述环境设计新的发展方向。遗憾的是，它用折中主义试图改变设计语言，在营造实践中略显苍白无力，这也是解构主义的一些理论家反对后现代主义的原因之一。

20 世纪 70 年代后，新现代主义设计的出现从不同角度诠释了现代主义先驱们坚持的社会理想，它具有更为客观、成熟、非教条的特征，主张现代主义的功能和理性主义原则，同时兼具象征主义要素。其理念契合了时代的发展和当代社会民众的精神需求，表现出了强大的发展势头。

当代还出现了一股展现地方特色的地域主义设计思潮，对现代主义外表冷漠和忽视文化的标准化风格进行了批判，对当代环境设计的多元化发展作出了巨大努力。当代对地域文化的忽视，助推了文化霸权的横行，导致了地域文化生态危机。地域主义设计的崛起，是维护文化生态安全、尊重代际历史与记忆的积极尝试。

自 1960 年以来全球的环保意识开始觉醒后，人们逐渐重视设计与自然的伦理问题，以《寂静的春天》《增长的极限》为代表的一大批绿色文献和社会发展理论成了可持续发展设计观的思想来源。能源危机的爆发警示着地球资源逐渐紧缺，维克多·帕帕奈克主张：设计应该为地球和它的有限资源服务。强调可持续发展的 3R 原则“再循环、再利用、少消耗”被普遍认同为当下设计应该遵循的设计准则。

今天的世界到处都是“文明的冲突”，由此我们的设计正在寻求一种理性，一种力图在世界各种复杂关系中取得平衡的温和理性。[①] 当代环境设计所表现出的复杂性与矛盾性超越了任何一个时期，环境设计伦理应在新的文化视野下自我革新，以便适应这个快速发展的信息社会。

① 原研哉．设计中的设计 [M]. 朱锷，译．济南：山东人民出版社，2006：115.

第三章　环境设计伦理的社会维度

第一节 环境设计与社会伦理

在探讨设计与社会两者关系时，一方面，我们可以将两者分开理解为两个相对独立的系统各自有机运作；另一方面，我们也必须清醒地认识到，设计作为一种社会实践活动，在社会这一更大的系统范围内，与社会各方面要素如政治、文化、经济、科技等之间的相互作用。简而言之，设计虽然自成体系，但却不可以孤立、静止地看待，我们需要将其置于社会环境更大的范围内去权衡考量，以便更加全面、科学、客观地分析。环境设计与社会之间的关系同样千丝万缕，本章将着重探讨环境设计与社会伦理相关的内容。

一、社会对设计的影响

社会对设计的作用，简单来说，首先，社会为设计的产生提供了客观的外部环境，是孕育设计的土壤；其次，社会意识形态对设计的思想内涵、设计形式等也起到了重要作用。

设计在社会中孕育，社会是设计产生、发展的客观外部环境。同时，设计是社会的设计，设计是面向社会的，设计伦理秩序是以社会为导向的，设计以不同的形式介入具体而真实的社会生活。

纵观设计史，由经济基础引起的社会变革越大，对设计社会意识的冲击也就越大，两者呈正相关关系。

工业革命之前，生产力发展相对缓慢，人类社会的状态相对稳定，人们长期维持着自给自足的生活模式，对设计的影响也较小。因此，设计在很大程度上沿用既成的观念。随着工业革命的到来，工业文明和生态文明接踵而至，对社会的意识形态产生了巨大的冲击，人们的生活方式发生了巨大的改变，在新社会环境下，设计就需要对其作出适应性的改变。因此，作为一项社会实践活动的设计，对它的价值判断应该与所处的整个社会语境相联系。

以美国和欧洲社会思想对设计的影响为例。民主的制度虽然在欧洲发源，但是欧洲在其长期的社会发展过程中所形成的社会权贵阶级以及设计为少数权贵而服务的思想根深蒂固，严重阻碍了现代设计平民化的发展。设计是权贵的附庸，其存在的意义是为了彰显权贵的身份与地位，其视觉表象则大多体现为繁复、华丽。这无疑是与设计平民化相悖的。直到 19 世纪末 20 世纪初，社会主义运动和社会主义思想风起云涌，从社会主义者威廉・莫里斯开始，设计师才开始重新思考设计的社会价值，将其目光更多地投入到城市贫民、工人阶级等。这是设计伦理思想的一个重大转折，由“设计为权贵服务”到“设计为社会大众服务”，是社会经济基础影响设计伦理改变的必然趋势。杰弗里·麦克尔指出美国工业革命塑造了美国的设计和历史，民主政治的思想为设计平等化提供了良好的土壤。

二、环境设计的社会功能

当代人类社会已步入一个“设计的社会”，当面临所有的东西都必须被精心计划的设计时代到来时，设计逐渐成为最有效的社会引导力量。这就要求设计师具有高度的社会道德责任和价值敏感。也正如设计理论家维克多·帕帕奈克所说，“设计作为生产关系，一直在发挥着催化、引导、调整人类与自然、人类的社会关系的巨大作用。理应成为推动人类社会经济、科技、文化、教育和社会结构转变的整合与集成创新。”[①] 设计的最大作用是引导一种社会创新的伦理生活方式。

环境设计一方面反映社会的发展变迁，另一方面反作用于社会。而设计对社会的作用，可以理解为设计的社会功能。环境设计从为了满足最基本居住生活需求的造物活动，到现代社会全面而科学的社会创新设计系统，贯穿在人类漫长的文明发展过程之中。环境设计作为社会变革的一个元素，扮演着不可或缺的角色。它同样起着协调社会关系、解决民生问题、提高人们的物质及精神品质等重要作用。尽管其为了使居住空间能为更多人所拥有而导致的机器与冷漠的表情常常被人们所诟病，但却不容抹杀其为推动环境公平所起到的重要社会作用。社会的发展是曲折前进的过程，环境设计的发展同样如此，其社会功能也便是设计探索和伦理反思的内驱动力。人类社会的发展进程中，不但是环境设计的舞台，也是其社会功能的体现。

同时，我们需要谨慎对待其在社会中的作用。没有一个设计师、设计作品是独立存在的，所有的设计都与社会的经济发展、生态环境、审美趣味密切相关。“作为设计师，我们必须对我们设计的内容在进入到生产和真实的世界后会造成什么影响，对整个结果十分清楚。”[②] 这也是对环境设计在社会伦理维度的一种价值考量。

---

① 维克多·帕帕奈克．为真实的世界而设计 [M]. 周博，译．北京：中信出版社，2012：10.

② 维克多·帕帕奈克．绿色律令：设计与建筑中的生态学和伦理学 [M]. 周博，译．北京：中信出版社，2013：258.

三、环境设计的社会伦理功能

人类对环境进行设计的主要目的也反映出了不同的社会伦理价值。人类的生活环境由穴居、半穴居慢慢发展到地面上。在原始社会，由于社会生产力低下，使人们对环境的改造仅仅是为了满足最基本的生存需要，保护其自身免受自然灾害的侵袭。“面对最初的冷漠环境，人类平整地面，破碎石头，建起墙和柱子，以表明和宣扬他们的人性：这样他们能防卫自己不受大自然的威胁。”[①] 封建制度的本质是“高度集权”“思想禁锢”以维护封建专制统治，由此对中西方传统的建筑形式也产生了深远的影响。西方“政教合一”的封建统治，象征着统治阶级的教堂一定是城镇中最高的建筑，就好似一面强大的精神旗帜，是至高无上的权力与纤尘不染的神圣象征。在封建中国，对于建筑的形制一直有着明确的要求，“人造环境”有着明显的等级区分。这些在日常生活空间中所体现出来的阶级性与不平等性似乎与生俱来，深刻地影响着人们的意识形态。这种由建筑实体本身以及由建筑之间所围合而成的带有强烈阶级性的空间，在一定程度上，是维护封建专制统治的工具，也承担着精神教化与指引的作用。建筑所具有的价值不仅仅是其表面所能甄别的空间形式抑或装饰手法，更重要的是建筑与其周围环境的空间组合所蕴含的场所精神，它也体现了特定社会伦理的内涵。

1. 中国传统建筑的伦理功能

千百年来形成的中国传统文化具有丰富的伦理思想体系，儒、释、道三者是其基本构成要素，其中儒家是中国伦理的核心与关键。特别在汉代之后，汉武帝推行“罢黜百家，独尊儒术”，在中国数千年的封建社会中，儒家思想渗透到政治、经济、文化各个领域，构建着中国社会的意识形态，以至中国古代的环境设计都体现出儒家思想的礼制与等级思想。

一般说来，儒家伦理的基本特征可以概括为以礼、仁、中、和为核心的思想，它也是中国古代环境设计伦理的体现。

“礼”从某种程度上来说，是中国传统文化的核心，体现着中国社会最根本的道德伦理和人伦秩序，还渗透在城市布局、建筑形制、房舍规格、生养死葬等人们生活的方方面面。它成为一种强有力的思想力量，束缚、规范着中国人生活的方式与意识形态。这种以建立社会等级尊卑秩序为导向的伦理思想成为立国兴邦的人伦之本，渗透到中国人深层的潜意识之中，维护了社会的等级

---

① 卡斯腾·哈里斯．建筑的伦理功能 [M]. 申嘉，陈朝晖，译．北京：华夏出版社，2001：347.

制度，使得中国封建社会在很长的一个历史时期内保持相对稳定的状态。“贵和尚中”是儒家的另一个特征，儒家伦理的“和”体现在“天人之合”“人际之合”“身心之合”三方面，“尚中”即崇尚中庸之道，强调的是一种均衡、协调、和谐的状态与秩序。

儒家思想对环境设计的影响在建筑形制上就有明显的体现，中国古代环境设计的伦理从根本上来说，是为了维护并巩固社会的等级制度。这种伦理思想在中国的传统建筑中得到了集中体现，建筑的形制与规模都要严格地与使用者的社会地位相匹配，有着明确的等级区分，在传统建筑群的空间布局和单体建筑的规模、体量、色彩、装饰样式等方面都有所体现。中国历史上尽管朝代不断更迭，但都对此作了明确规定。这种制度始于周代，终于清朝末年，在中国的历史上足足持续了 2000 余年之久。人也按社会地位被分为三六九等，等级差异渗透在生活的方方面面。这种严格的建筑等级制度，在微观层面，例如门的形制中，便可直观地一窥究竟。北京故宫太和殿是中国现存等级最高的古建筑，其门前一共有 39 级台阶；而王府门前的台阶数量就相应减少，屋顶也不能使用象征皇室的黄色琉璃瓦；到了富商和乡绅，其住宅则不能使用金柱大门和光亮大门，只能使用“蛮子门”；至于市井人家，则只能使用如意门或随墙门，相对于气势恢宏的宫门而言，十分窄小。单从建筑中“门”这样一个十分微小的构件，就可以轻而易举地区分使用者的社会阶级。大多数传统人造环境都带有阶级的象征与隐喻，其深层的伦理内涵是为了维护封建社会不平等的阶级统治。

2. 西方传统建筑的伦理功能

与中国不同，在欧洲的城镇中，教堂才是最高、最为气势恢宏的建筑物，并且位于城镇的中心位置，是整个城镇中建筑群的焦点。与中国古代设计是为皇权、为政治服务一样，西方中世纪设计的主要任务是为宗教服务，政教合一的强大统治，深入社会的各个领域。宗教作为坚定而强大的精神信仰，在当时对于信徒来说，具有照亮一切的力量，这种强烈的宗教精神在西方的教堂建筑形式上就有很好的体现。中世纪的欧洲，建筑主要分为两个体系，分别为东欧的拜占庭建筑和西欧的哥特式建筑及修道院。拜占庭建筑产生于拜占庭帝国时期，继承与发展了古罗马的穹顶与集中式建筑形制，采用典型的罗马柱式和拱券结构，其外形像坚不可摧的牢固城堡以象征教会的权威，尺度宏伟。内部空间开阔，但光线昏暗，所以充满了迷离与神秘的气息，这种空间感容易使人产生崇拜与敬畏。哥特式建筑则兴盛于中世纪的高峰与末期，较之于沉稳的拜占庭建筑，哥特式的教堂则以其向上的动感体现教会的神圣精神。

美国耶鲁大学哲学系教授卡斯腾·哈里斯曾说："宗教的和公共的建筑给社会提供了一个或多个中心。每个人通过把他们的住处与那个中心相联系，获得他们在历史中及社会中的位置感。"[①] 由此可见，教堂作为强大精神依托背后所隐含的社会阶级隐喻。伴随机器的轰鸣声，过往的封建社会土崩瓦解，然而在封建社会中孕育出来的建筑所具有的意义是否就荡然无存了呢？

古代的建造者们将他们的心血主要倾注在社会的公共建筑上，如宫殿、教堂、市政厅等，但这些最古老的公共建筑无论从建筑的形制还是从其场所精神所暗含的等级阶层隐喻，都体现了人造环境中的一种不平等性。

3. 现代主义与后现代主义建筑伦理

工业革命之前，传统手工艺的设计与制作是一体的，伴随着大机器批量生产时代的到来，导致了社会生产制作模式根本性的改变，设计师需要积极探索正确的设计伦理思想以顺应时代的发展。英国工艺美术运动主张"设计的中心是人而不是机器"，强调设计中的民主思想，强调设计应该是为大众服务而不仅仅局限于社会的少数权贵。

这种设计思想通过德意志制造联盟、包豪斯以及乌尔姆设计学院发展传承，成为现代主义设计的灵魂与宗旨。但是现代主义的设计把人假定为抽象的人，所有的人都需要同一种设计，这种设计思想不考虑宗教、民族与地域之间的差异，甚至也不考虑人的需求的多样性与差异性。机器生产的工具理性最终成为对人性的压抑，"人"在一定程度上只能成为机械化大批量生产的被动接受者，人的多样性需求没有得到足够的重视。

现代主义发展的末期，国际主义盛行，"方盒子"式的建筑在世界各地遍地开花，风靡一时，并且此时的国际主义已不具备现代主义思想的民主内涵，空有现代主义的几何式外形。后现代主义对建筑复杂性与多样性的呼唤，从深层的层面上来看，同样是对环境公平正义的一种需求，因为现代主义将人们的需求单一化、机械化和绝对化，不能满足人们对生活环境的差异性需求。

在这种强势的全球化背景下，环境设计对本土化的回归便显得至关重要与难能可贵。

后现代主义之后，设计呈现多元化发展的态势，但环境空间的不平等现象仍旧屡见不鲜，体现在社会生活的多个方面，如宏观层面上城市空间规划分配的不平等。早川和男在其著作《居住福利论——居住环境在社会福利和人类幸福中的意义》中指出，"震灾中的死者以老龄人、残疾人、低收入阶层和在居

---

① 卡斯腾·哈里斯.建筑的伦理功能[M].申嘉，陈朝晖，译.北京：华夏出版社，2003：279.

住方面受到歧视的人为多。”[①] 这从侧面反映出，社会的弱势群体大多居住在城镇中安全性低的区域，住宅本身的抗震性差，加之老龄人、残疾人本身行动上的不方便，是造成这一现象的主要原因。提高老旧区住宅安全的迫切性可见一斑。

帕帕奈克主张设计不但为健康人服务，还必须考虑为残疾人服务。为环境设计的平等性的价值内涵提供了更契合的参照，而且为当代的环境设计伦理提供了一个更具内涵的价值取向，以满足社会大众的多样性与差异性的真实需要。

第二节　公平正义——环境设计的伦理原则

一、公平正义观概述

公平正义的内涵并不是一个简单的问题，它既古老又具有时代特色，对公平正义的解读也不尽相同，结合不同的时代背景，公平正义呈现出历史性、阶级性等特征。尽管公平正义的观念随着时代的变换不停更迭，但古今中外的很多学者仍孜孜不倦地探究公平正义的精髓。

1. 古希腊公平正义观的萌芽

最早开始对社会公平正义作出解读的是古希腊哲学家苏格拉底，其学生柏拉图在《理想国》中指出公平即和谐，同时将公平正义视为社会的美德，并且认为社会的和谐情况受社会中的个体所具备的这种美德影响。此外，亚里士多德将公平的概念分为绝对公平和相对公平，根据其理论观点，相对公平是法律上所规定的公平，这种公平会随着社会的发展而变化，具有一定的历史性和阶段性，不具备永恒性与固定性，在一定程度上，它是人们约定俗成的结果。而绝对公平则体现为公平作为一种美德的永恒性，它不受时空、地域的限制，可以理解为普世的、亘古不变的一种“至善”伦理，例如“己所不欲，勿施于人”等。

---

① 早川和男 . 居住福利论——居住环境在社会福利和人类幸福中的意义 [M]. 李恒，译 . 北京：中国建筑工业出版社，2005：13.

2. 西方近现代社会正义理论

在西方近现代思想史上，有关正义论的理论可谓百家争鸣，包括有目的的正义论、功利主义的正义论、自由主义的正义论、实用主义的正义论、义务论的正义论等。根据1998年诺贝尔经济学奖得主马蒂亚·森的观点，西方社会主要的社会正义理论可归纳为三派，分别为功利主义（Utilitarianism）、自由主义（Liberalism）和罗尔斯的正义论。

1）功利主义

功利主义，又译为功用主义或乐利主义，为西方伦理史上的一个重要流派，其理论基石是苦乐原理，边沁认为人类具有一种天然的趋乐避苦本性。他在他的著作《道德与立法原理导论》中写道："自然把人类置于两个至上的主人——快乐和痛苦的统治之下。只有它们两个才能够指出我们应该做些什么，以及决定我们将要怎样做。是非标准、因果联系，俱由其定夺。"也就是说，人始终处于快乐和痛苦的支配之下，它是人类一切行为的出发点，并始终对快乐怀有期待。功利主义对行为的批判标准在于它是否增加了当事人的快乐、幸福，这里的当事者不单单指社会中独立的个体，还泛指整个社会。如果当事者指的是社会中的个人，那么幸福指的则是个体的幸福。功利主义的原则特性是趋向幸福快乐，背离痛苦，重视社会整体利益，它提出了一个著名的伦理原则——"最大幸福原则"。社会的福利也就是社会每个成员利益的叠加。每个人在追求自身利益的同时，也增加了社会的整体利益，因此，社会利益最大化的实现需要个人利益最大化的实现。由此可见，功利主义的本质是在追求个人利益最大化的基础上求得社会福利的最大化。按照此理论，只要幸福的总额是增加的，便是符合功利主义原则的。在此过程中，即便少数人或个体的正当利益受到侵害也是可以忽略不计的，因为这并不有违"最大幸福原则"。功利主义的正义标准强调最大化的一般福利，而忽略了对自由、平等的权利保障，因此遭到重视个体权利的自由主义者的诘难，正如罗尔斯在批判功利主义正义观时所说："当功利原则被满足时，却没使每个人都有利益的保障。对社会体系的忠诚可能要求某些人为了整体的较大利益而放弃自己的利益。"[①]

2）自由主义

自由主义肇始于17世纪的英国革命，伴随着近代资本主义的兴起而产生，在其发展过程中内涵不断丰富与完善，其理论的核心始终围绕着自由、个人权利、公平正义展开。自由主义十分强调个人的尊严及价值，认为个人的自

① 约翰·罗尔斯.正义论[M].何怀宏，等，译.北京：中国社会科学出版社，1988：170.

由、权利和利益理应得到保障，不可随意侵犯。加拿大哲学家查尔斯·泰勒（Charles Taylor）认为：自由主义的实质是个人主义，其基本特征是“权利优先论”，强调个人权利优于社会的绝对性。①

自由主义的理论代表人有哈耶克、诺齐克等人。哈耶克对正义的主张强调过程，支持程序正义或过程正义，他认为结果是不能用正义进行判断的，能用正义进行判断的是行为，反对带有结果平等性质的主张，例如“分配正义”和“社会正义”。而另一位自由主义的代表、美国当代著名伦理学家诺齐克的正义论与哈耶克类似的地方是同样注重程序的正义而非结果的正义。此外，诺齐克还提倡“持有正义”和“转让正义”，这种正义论在实质上是“起点公正”，简单来说就是，只要个人的财产及地位的获取的源头是合法的，其个人权利就应该受到保障，不可将其剥夺，除非是非法获取才可以通过适当的方式加以矫正。

3）正义论

当代西方著名的伦理学家罗尔斯在其《正义论》中试图建构一种正义观，既能保障个人的权利利益，又能兼顾社会的整体利益。以柏拉图为代表的古代正义论强调国家和谐、社会秩序，功利主义正义论虽然强调对个人利益的保障，但是在功利主义原则——“最大幸福原则”的理论下，为了实现社会幸福的最大化，少数人的合法正当权益可能无法得到保障。不同于自由主义将正义仅仅看作个人的行为，罗尔斯的正义观念突出了社会性质的重要性，认为“正义是社会制度的首要美德，正如真理是思想的首要美德一样”。②

罗尔斯的正义观试图将公平与正义相结合，他把自己的理论称为“作为公平的正义”，为了更加明确地阐明自己的观点，罗尔斯提出了具体的原则，主张“社会和经济的不平等应这样安排，使它们在与正义储存一致的情况下，适合于最少受惠者的最大利益；并且依存于在机会公正平等的条件下职务和地位向所有人开放”。③ 其中，第一个原则称为“差别原则”，论述的是如何在不平等的情况下实现平等；第二个原则称为“机会平等原则”，主要涉及财富、地位、权利如何分配的问题。概括来说，罗尔斯的正义论主要包括两个层面的内涵：一是将平等与自由视为正义，正义要求社会中的各个成员平等地享有个人的权利，同时承担相应的责任，个人的权利与自由不应受到侵犯；二是社会制度对于正义的重要性，社会制度应该成为平衡阶层与阶层之间差异的工具，改

① 查尔斯·泰勒 . 自我根源：现代认同的形成 [M]. 韩震，等，译 . 南京：译林出版社，2001：引言 .
② 约翰·罗尔斯 . 正义论 [M]. 何怀宏，等，译 . 北京：中国社会科学出版社，1988：2.
③ 约翰·罗尔斯 . 正义论 [M]. 何怀宏，等，译 . 北京：中国社会科学出版社，1988：292.

善弱势群体的生存环境，减少社会财富、机会等分配不均的情况。

罗尔斯对于正义的论述不仅局限于代内，还延伸到了代际之间的正义问题，以人类社会和谐永续的发展作为立足点，论述了不同代际的人们之间的关系、责任与义务，人类社会的发展不能以牺牲未来为代价满足当下的发展需求。他在其代际正义观中提出了一个著名的原则——“正义的储存原则”（Justice Savings Principle），要求在人类社会发展的不同世代之间，确立一个合理的储存率，当合理的储存率一代一代地延续下去，每一代都可从中获利。由此可见，罗尔斯关于代际之间的正义，实际上也是一种对于当下与未来之间的利益平等与均衡。罗尔斯的《正义论》对美国学者彼得·温茨的《环境正义论》也产生了一定的影响。

3. 马克思主义公平正义观

马克思、恩格斯的公平正义观是在批判资本主义私有制的过程中提出来的，揭示了社会主义与公平正义结合的历史必然性。同时指出，要想实现社会的公平正义就必须大力提高社会生产力，丰富社会物质财富。工人阶级想要建立平等的社会关系，只有建立社会主义制度，将生产资料归为国有，才有可能实现社会平等的分配关系。自此，公平正义被人类视为对社会制度的理想价值追求。

在中国特色社会主义建设的进程中，和谐社会是其内在要求和价值评判标准，而公平正义则是实现和谐社会的基本要素，而要在当代社会实现公平正义需要统筹兼顾社会各阶层的复杂关系，不仅仅局限于分配制度的公平，而应该更广泛地体现在人类社会生活的方方面面和细枝末节，如机会平等、医疗平等、教育平等等。只有坚持公平正义原则，妥善处理社会不同阶层权利与责任的关系，才能最终实现构建和谐社会的目标。

4. 公平正义观与环境设计实践

上文简要叙述了古希腊时期公平正义观的萌芽、西方近现代有关公平正义以及马克思主义正义观的相关理论。虽然不同地域的文化有其特殊性，但是，关于正义的理论对我国当代环境设计伦理仍具有一定的借鉴意义。例如，功利主义所提出的“最大幸福”原则，与环境设计的实践相结合，可以理解为“为公共利益而设计”，环境设计应考虑到其设计对象是社会大众，不是单一的个体，应考虑到环境空间的通用性、宜人性，在为社会大众设计的同时要注意到特殊群体的差异性需求，以求得社会幸福的最大化。自由主义所主张的“起点公正”“程序公正”在我国当代城市化的进程当中同样值得我们借鉴。我国在社会转型期所遇到的社会不公现象，如城乡发展不平衡、强拆问题等，正是由于在程序中出现了有违公平正义的问题。因此，在社会发展的过程中，要平衡各个阶层的权利与利益，就必须在社会制度上充分体现民主性，努力实现程序正义，从而尽量确保结果正义。

而关于罗尔斯的正义理论，其特别之处在于提出了“差别原则”，从社会现实的客观出发，将社会群体依据其不同的特征属性给予差别对待，并通过正义原则，进行再分配以求缩小不同阶层之间的差异，扩大公平正义的范围。罗尔斯的“差别原则”体现出了一种极富人文关怀的伦理价值，同时也正是环境设计原则的价值取向。每个个体的自然属性与社会属性都存在大大小小的差异，而他们对于环境的需求也正因为这些差别的存在而体现出多样化和差异化。当我们把“差别原则”同环境设计相结合，我们可以发现其思想与帕帕奈克思想的共同点，即我们应该更多地关注社会弱势群体的需求，例如体弱多病的老年人需要怎样的空间环境，残障人士、孕妇需要怎样的空间环境，生活在第三世界的人民又需要怎样的空间环境。由于弱势群体大部分处于社会的底层，其需求常常被人们所忽视，所以更需要我们秉承公平正义的原则，通过环境设计以达成不同社会阶层环境权的平等性。此外，罗尔斯关于代际正义所提出的“正义储存原则”，对环境设计的绿色生态、可持续、低碳、低干预的发展也有积极的启示。马克思主义所提出的社会主义公平正义是其本质要求，是实现和谐社会的必然条件。当前我国正经历着规模庞大的城市化进程，有关公平正义的问题不断凸显，对环境设计的公平正义要求更是迫在眉睫。

二、环境设计伦理的公平正义内涵

1. 遵循“平等性”原则

对于平等的理解往往置于“阶级社会”的大历史背景中，由于社会的不断发展前进，身处不同历史时期的群体不断地对比过去、展望未来，在不同的历史时期出现了不同的平等观。古罗马斯巴达奴隶起义，历时两年虽然以失败告终，但在人类历史上为追求自由平等留下了不可磨灭的痕迹；近代中国太平天国《天朝田亩制度》中体现了“凡天下田，天下人同耕”和“无处不均匀”的平等性原则。这些实质上是为消除物质与精神两个层面的对立和差别所作的努力。同时，客观来说，这些平等的观念并不是“与生俱来”的，而是伴随着人类社会的发展而产生的，具有一定的“人本主义”色彩。因此，对于平等的理解需要与宏观人类整体的发展相结合。

平等在某种程度上可以理解为无差别，而通过设计行为消除差别的做法便可理解为设计平等性的一种反映。差别不仅存在于人与人之间，也存在于人与自然之间。首先，人与人之间的差别由性别、年龄、体能、智力水平、地域等因素客观造成，这些差别在人类的现实生活中继而造成了不平等的对话语境，人类为了求得个体与群体的生存与发展，必然采取一些消除差别的手段。其次，人与自然之间的差别更是不言而喻。在人类早期的原始社会，由于科学、生产力水平低下，对周围环境所发生的现象大多无法解释，人们的内心充满了恐惧，这种情况导致了“万物有灵”思想的萌芽，加之人与人之间的差异，使得群体中的少部分较为优秀的人自视或被视为“神灵”的化身或充当人与“神灵”之间的媒介，这体现了群体内部之间的一种等级划分。这实际上是人对自己无法掌控与解释的自然进行的一种“拟人化”处理，通过这种方式在自然中赋予了某些现象“人”的成分，自然世界便不像以前那样望尘莫及，高高在上。从表面上看，自然还是远远凌驾于人类之上，但这种层级却是由人类来赋予的，这是人类试图建立与自然趋于平等对话的语境的一种方式。人类内心追求平等的意愿以一种建立不平等等级的方式表现出来，看似矛盾却合情合理。在差别产生的时候已孕育着“消除差别”的思想，这也是“设计平等性”产生的重要根源，通俗地说“不平等导致了平等观念的产生”。

人类发展的过程体现了自然的人化过程，人类对自然的认知越来越理性与深刻，对自然的恐惧心理自然也随之衰减。但这并不代表人类可以凌驾于自然之上，人类社会要想和谐永续地发展，则必须尊重自然，不以破坏、牺牲自然生态环境为代价以实现现世的暂时性发展。绿色设计、可持续设计、低碳设计、低干预设计等都是环境设计伦理思想的体现。环境设计的平等性原则不仅体现在人与人之间，还必须把人与自然的关系纳入平等性的伦理考量范围。环境设计的平等性原则对实现社会公平正义具有重要的引导作用。

2. 设计对象：社会大众

“平等意识”的觉醒，在现代设计中首先表现为由“设计为权贵”向“人人享有”的重要转变。工业革命对生产力极大的推动，从根本上改变了人们的生活形态。经济基础的改变随之影响了上层建筑的意识形态。设计的服务对象由少数权贵变为“人人”，当设计是以满足社会大众需要为目的的时候，就开始带有现代性的意味了。这种“为社会大众而设计”的思想无疑是设计平等性的一种体现。但是，在提倡机器美学和标准化生产的现代设计中，“人”也被假定成为如机器一样“标准化”了的“人”，“人”的客观需求也被“标准化”，生活在“机器时代”的人好像应该像标准的机器配件一样去适应这个时代的特征。特别在美国商业设计的浪潮中，设计在某种程度上已经罔顾人类真实的需求，设计师在利益最大化的驱动下，其设计在为满足人类的欲求而服务。换一个角度来看，是在为资本主义商业经济而设计。

当我们谈论为社会大众而设计时，我们不仅要注意“社会大众”的共性，也要注意其个性，即社会大众所具有的层次性，人的分层依据其自然特征和社会特征进行分类。“社会大众”可以理解为一个个具有独立个性的个体构成的具有整体性的集合。“社会大众”是一个非常宽泛的概念，“社会大众”中的“人”不是一个抽象、统一化的个体，而是具象的、具有不同具体需求的个体。他们相互联系构成复杂的社会体系，又是一个个独立的个体。①

社会大众的共性与个性，似乎让我们对“为社会大众而设计”的目标设置了一个矛盾的语境。帕帕奈克曾对一些特殊群体的需求提出了一些疑问。如“老迈之人需要什么样的设计？孕妇和胖人需要怎样的设计？全世界那些觉得被社会疏远而备感孤独的年轻人需要什么？”② 对于这样的问题，似乎是与“为社会大众而设计”相违背的。日本的城市规划和住宅问题专家早川和男在其著作《居住福利论——居住环境在社会福利和人类幸福中的意义》中提到，日本在震灾后，作为避难所的学校并没能使残疾人安定下来，没过几天残疾人就移居至其他地方。这是因为在避难场所缺乏残疾人设施，残疾人无法在此正常生活所导致的结果。残疾人作为社会的一个弱势群体，其需求常常被社会所忽视。但是这并不等于包括残疾人在内的特殊群体属于社会大众的范畴之外。为特殊群体的设计，同样可以惠及其他社会大众。恰恰是这种包含了对社会特殊群体、弱势群体真实需求的考虑，才是真正意义上的“为社会大众”而设计。这种思想在更深的层次上拓展了设计平等性的价值内涵，体现出了更为生动丰富的人道主义关怀。所谓的“社会大众”在广义上可以等同于社会所有成员，是具有生命力和复杂性的社会成员集合的代称，应以“社会大众的需要”为尺度衡量环境设计的优劣。

“个性”与“共性”所生成的不同设计需求之间存在一定的矛盾。我们不必陷入是为“社会大众的共性”而设计还是为“社会大众的个性”而设计的二元框架之中，就好像我们不必纠缠于设计是以“形式”为先还是以“功能”为先的二元框架中一样。当代环境设计中的“为社会大众而设计”在某种程度上是为了实现社会的公平正义，应基于具体情境，评估多方价值才能作出明智的选择。

---

① 章利国．现代设计社会学 [M]. 长沙：湖南科学技术出版社，2005：23.

② 维克多・帕帕奈克．为真实的世界而设计 [M]. 周博，译．北京：中信出版社，2013：67.

3. 公众参与设计

环境设计中的平等性，不仅仅体现在其设计的服务对象，还应保障利益相关者的设计话语权的平等。环境设计中不同社会因素交织在一起，对于这一系列复杂问题的全面考虑，必然要求环境设计主体不仅局限于传统意义上的设计师，还依赖于不同学科领域人员、环境最终使用者之间的协同合作。因此，应强调公众“设计参与”的伦理意义。在当下的环境设计中，从城市规划、城市公园乃至小的公共景观节点，都由专业的设计师团队完成，社会公众基本没有参与其中。与公众生活息息相关的环境在无意识中已经被别人所主宰，而自己却毫无话语权。因此，为了达成设计的平等性，设计的全过程应有公众的参与。设计的流程应该由使用者开始并以使用者结束，而非由设计师与行政主管人员决策，最终强加于使用者。

当环境的规划设计者与环境的最终使用者缺乏有效的沟通与联系，造成的后续问题是显而易见的。脱离社会大众需求、公众参与的环境设计最终会与公众的日常生活相脱离。

4. 关注真实的需要

1）需要的内涵

前文已探讨过，设计应以社会大众为出发点和落脚点，那么换言之，设计是以社会大众的需求为导向的。在当代社会的复杂语境下，各种社会关系错综复杂，我们需要探究什么才是社会大众的真实需要，从而在实际意义上实现为“社会大众的真实需要”而设计。

需求与需要这两个概念模棱两可，在人们惯常的生活中常常被混用，但实际上它们之间还是存在一定的区别。一般说来，需求是客观的，需要是主观的。需要是被感知的需求，即被意识到的生活、生存发展所必要的条件；需要的产生与主体所处的人文环境、经济条件、科技水平等社会诸因素密切相关，家庭背景、受教育程度等都会影响个体对生活品质的需要。

设计是一项具体的社会实践，究其最终目的都是为了满足人们的需要。“马斯洛需要层次理论”与社会具体生活实践相结合，说明人的需要是具有层次性和序列式的递进性的，从生理层次到心理层次递进的过程。马斯洛认为，在一般情况下，只有当较低层次的需要满足后，人们才会产生对更高一层次的需要，值得注意的是，这种满足是相对意义上的，并不存在绝对的满足，不能过分受到需要顺序的限制。当社会进步，社会公众对设计的需要普遍提高时，设计需要与时俱进以适应公众的需要。当社会的某种先进的思想处于萌芽阶段，设计的超前发展对其作出回应时，则可在很大程度上推动社会某种先进意识的发展传播，如现代主义设计对于民主化、平民化的巨大推动。

2）虚假的需要与欲求

在马尔库塞1964年出版的著作《单向度的人：发达工业社会意识形态研究》中，其主张为了特定的社会利益而从外部强加在个人身上的那些需要是“虚假的”需要，诸如按广告宣传来处世和消费的需要，认为“发达工业社会的最显著特征是它有效地窒息那些要求自由的需要。”[①] 在此，马尔库塞的“虚假的需要”与帕帕奈克的“欲求”的内涵具有很大程度的相似性。但无论如何，为真实的需要而进行的设计才是符合当代环境设计伦理的价值取向。

获得普利兹克奖的日本建筑师坂茂的设计思想，可以很好地诠释“为真实的需求而设计”的伦理价值。坂茂被誉为“绿色建筑师”。他认为低成本的材料与技术是对社会，尤其是对弱势群体服务的一种实际表现。大量的低技术、低成本住宅对于改善弱势群体的居住环境具有可实施性，也可以使得建筑需要面临拆除的时候，所用的材料可以得到回收再利用。中国四川汶川地震发生后，坂茂为灾区重建设计了成都华林小学。这是一个纸管学校，即主要用纸管来做建筑的承重结构——梁和柱，成本低廉，并且适合快速建造。坂茂经常在各种场合强调自己对于服务于特权阶层的建筑设计的反感。他认为政治权利和资本运作本来是看不见的，建筑师为他们建造宏伟庞大的房子，也就是让那些看不见的力量变成看得见的力量。他认为设计师可以为公众做得更多。

对真实世界需求的关注使伦理价值嵌入环境设计活动中，完善了环境设计伦理的思想内涵。

5. 注重历史与文脉

国际主义设计风格在世界范围内大行其道，使得具有地域特色和文脉主义色彩的建筑环境逐渐衰退甚至消亡，不同国家、不同地域、不同文化的城乡风貌呈现出一定的相似性。为了遏制场所文脉逐步失落的趋势，无论是政府、企业还是设计师都开始关注环境中场所精神传承的问题。不同文化滋生的环境应该具有不同的意象，它是场所的特有标签，是文化内涵的精神表达。传承社会历史文脉，增强民族文化的认同感，不在全球化的洪流中丧失自身文化身份的独特性，也是环境设计伦理在当代社会语境下的一个重要价值取向。

---

① 赫伯特·马尔库塞．单向度的人：发达工业社会意识形态研究[M]．刘继，译．上海：上海译文出版社，2006：8.

场所精神的延续，是对过去的尊重，是代际公平的目标之一，也是未来环境的价值之所在。挪威建筑师诺伯格·舒尔茨的场所理论正是在后现代主义的背景下产生的，其理论恰恰满足了社会大众日益增长的精神层次的需求，促进了环境设计的健康发展。

诺伯格·舒尔茨在其著作《场所精神——迈向建筑现象学》中论述道："这些物的总和决定了一种'环境的特性'即场所存在的本质。"[①] 场所承载了人们具体的生活和行为，是具有特殊意义的物质空间。"场地"由人介入后，其自然属性与人类的生活紧密结合，相生相息，具象单一化的"场地"变为多元的抽象"场所"。人们赖以生存的场所，如建筑、广场、公园等由其外在空间组合形式、序列等所体现的场所精神会潜移默化地作用于场所使用者的思想意识，形成使用者对空间环境的主观情绪感受，因而场所精神在某种程度上包含了某种思想引导功能。因而，在环境设计的过程中，我们不仅需要关注形式的美感、功能的完备，由"场所"所体现出来的精神气质是否符合社会公平正义的内涵，其也是环境设计伦理所需关注的重要方面。

美国建筑学家埃罗·沙里宁曾这样描述：城市是一本翻开的书，走近它，我们可以看到它的志向与抱负。让我走进你的城市，我就能说出城市居民在文化上追求什么。"方盒子"式建筑的盛行使得不同地域的建筑群体失去其识别性，居民身处建筑森林的迷宫难以产生认同感和归属感。事实上，地域化的缺失可以说是对社会大众本应拥有的民族文化、历史文脉的剥夺，这无疑有悖于环境的公平正义伦理准则。我们所生活的场所不仅承载着逝去的历史，也包含了生活在当下的人的记忆。当代环境设计伦理要求我们平等地对待过去、现在、未来三个时空之间的关系，我们有责任、有义务为我们的子孙后代留下宝贵的文化财产。

6."以人为本"与"以人类为中心"

1)"以人为本"的思想渊源

哲学观念中的以人为本是和西方的人本主义思想密切相关的，古希腊哲学家普罗泰戈拉曾说过："人是万物的尺度"，这句话成为日后"以人为本"设计的思想源头，"以人为本"的价值观也成为社会发展伦理的内在本质要求，对社会的政治、经济、文化的发展都起到了重要指导作用。"以人为本"的哲学思想的发展嬗变可以从西方历史上的三次意义重大的思想启蒙运动中找到线索轨迹。

① 诺伯格·舒尔茨. 场所精神——迈向建筑现象学 [M]. 施植明，译. 武汉：华中科技大学出版社，2010：7.

第一次的思想启蒙运动始于公元前 5 世纪，起源于古希腊罗马文化，当时古希腊的政治、经济、文化发展态势昌盛，为人类思想的解放奠定了基础。人本主义和文艺复兴运动相联系，把“人”作为万物的核心，是衡量一切事物的标尺，强调人的价值、自由与尊严，否定神的存在，旨在以人性反对神性，反对专制的教会统治和宗教神学中的神本主义观念。随后，便是 17~18 世纪第二次的思想启蒙运动，颂扬人性中的理性智慧，推崇科技文化，形成了以自由、平等、人权和博爱为基本内容的人本主义思想，这种思想成为资产阶级对抗封建专制统治最强有力的思想武器。第三次思想启蒙运动发生在公元 18~19 世纪，此时社会的生产方式已发生本质性的改变，民主、自由、平等的思潮在社会兴起，但此时的启蒙运动仍大力宣扬文艺复兴中的人文主义精神。费尔巴哈是 19 世纪德国古典人本主义的代表人物，其思想更为彻底和具有革命性。

总的来说，西方的人本主义思想强调了人的价值，促进了思想解放，推动了社会形态的更替。但是西方近现代人本主义中所指的“人”，是被抽象化、标准化的人，脱离了具体的历史背景与社会实践，不是社会中具体的个人，这种割裂了人与社会之间关系的人本主义，更大程度上停留在价值观的层面，无法实现对人的真切关怀。

马克思主义的人本思想是建立在唯物史观的基础之上的，旨在对资产阶级的人本主义思想进行批判，与近代西方人本主义思想不同，马克思主义的人本思想中所指的“人”是具体的、现实的人，是自然属性和社会属性的结合。正如马克思所说：“人的本质不是单个人所固有的抽象物，在其现实性上，它是一切社会关系的总和”。[①] 这对实现社会的公平正义，构建和谐社会也具有重要的指导价值。而作为一项社会实践的环境设计，毋庸置疑也受到以人为本思想的深刻影响。

正确理解“以人为本”思想，从伦理角度讲，应与“以人类为中心”视自然与一切客观存在物为满足人类自己偏好的工具的观念区分开来。当下从“以人为本”又逐渐发展变化为“人与自然和谐”的新思想观念。还要将其理解为一种正确处理人与自然、人与社会之间关系的思维方式。

2）“以人为本”的设计思想内涵

“以人为本”的设计思想，简单来说，可以理解为“为人的设计”，强调的是设计的服务对象的本体问题，泛指社会中的所有人。“它是一种价值取向，

---

① 马克思，恩格斯．马克思恩格斯选集：第一卷 [M]. 北京：人民出版社，1995：56.

即强调尊重人、解放人、依靠人、为了人和塑造人”[①]。这里所说的人，不是社会的权贵阶层或特殊的个体，而是泛指社会的所有成员，是设计由“精英化”向“平民化”转变的体现。生活中具体的人受时代的制约与局限，有不同的欲望、丰富而复杂的感情，不是机械化抽象的人、标准化单一的人。人的自然性体现为与其他生物同样所具有的生理需求和本性，而社会性则是人类区别于其他生物的本质所在，恰恰是因为社会性的存在，使人类具有比其他生物更丰富多样的高层次精神需求，而以人为本的设计正是为了满足人的本质的物质性需求和多样性精神需求，同时协调人、社会、自然三者之间的关系。

“以人为本”的设计思想是实现环境设计公平正义所必须遵循的一项伦理原则。近年来，“以人为本”的设计思想极大地推动了我国设计的发展进步，但是在其实践过程中，仍然存在着不少初衷与现实情况相背离的现象，其原因是多方面与多层次的。一方面，可能是设计初期缺乏对使用者的深入分析，对其需求断章取义；另一方面，可能是实施过程中的价值偏离。

第三节 “公平正义”与宜居之城

一、“宜居城市”概述

1.“宜居城市”的起源发展

关于宜居城市的社会实践较早出现于西方经济发达的国家，它是城市化进程的产物。霍华德在其著作《明日的田园城市》一书中，首先提出了与宜居城市类似的概念与较为系统的认知体系，“田园城市”的思想引起了人们对提高城市环境生活质量、改善城市生活的广泛关注。在《雅典宪章》和《马丘比丘宪章》中进一步系统阐述了城市的宜居理论，两部宪章共同肯定了城市宜居的必要性。1961年，世界卫生组织（WHO）提出了满足人类基本生活所应当具备的条件，即“安全性（Safety）、健康性（Health）、便利性（Convenience）、舒适性（Comfortable）”。

---

① 韩庆祥．解读“以人为本”[N]．光明日报，2004-04-27（04）．

宜居城市的实践活动也在世界各地蓬勃发展。例如，2001 年提出的《巴黎城市化的地方规划》、2003 年的《大温哥华地区长期规划》、2004 年的《伦敦规划》都提出将“宜居城市”作为一个重要的建设目标，它已成为世界范围内城市发展的价值趋向。

2.“宜居城市”的内涵

在中国的宜居城市建设过程中，同样可以看出目标与实践侧重点的不同。例如，上海市政府强调城市居民的住房问题，即维护房地产市场的健康可持续发展；河南省深河市政府则强调城市的绿色生态建设，将城市建设的主体放在城市绿化工程上。总而言之，宜居城市是一个人、自然、社会三者协调稳定的人居环境，强调城市在经济、政治、文化、人文、环境等各因素的均衡协调发展。人文环境与自然环境和谐共生，经济繁荣，社会稳定，治安良好，交通便利，基础设施齐全，宜居不单指居住层面，还包括就业、医疗、教育、文化等方面的充足资源。我国提出的资源节约型、环境友好型的“两型社会”建设也体现了当代宜居环境的新内涵。

二、均衡协调居住分异状况

1. 居住分异带来的社会问题

居住空间的分配与布局，在构建和谐社会的进程中扮演着重要的角色。居住空间的形态结构是否合理，关乎居民的生活质量、环境效率和功能。特别是我国居住分异已出现阶层化的趋势，这有违环境公平正义的原则，影响了和谐社会的建构。

居住空间分异实质上是社会阶层在居住空间上分化的表现，是居住空间上的“物以类聚、人以群分”，最典型的就是所谓的“穷人区”与“富人区”。由于收入水平或社会地位差异，导致同质的市民聚居，异质的市民彼此隔离，整个社会形成一种居住空间分层化趋向。

居住分异自古以来就有，中国古代的城市空间形态规划深受礼教和宗法等级的影响，体现出严明的空间等级。在周代，便有了“内城”和“外城”的划分，“内城”是统治阶级的居住空间，“外城”则为平民阶层所居住。古代社会的居住分异，在很大程度上是受当时历史阶段所固有的等级思想的影响。到了近现代社会，形成居住分异现象的原因盘根错节，是一个亟待解决的问题。

中华人民共和国成立之初，我国虽然单位与单位之间的住房存在一定的差异，同一单位中不同级别的员工获得的住房面积也有差异，但不存在一般意义上的居住分异问题。在计划经济的宏观调控下，住房空间的分配相对均衡。改革开放后，社会贫富差距拉大，尤其是1998年后，国家停止住房分配制度，实行住房货币分配。这对居住空间的分异产生了较大的影响，居民所居住的社区在一定程度上成为其经济实力和社会地位的表征。在世界范围内，各个国家都存在不同程度、不同范围的居住分异现象。

在以市场为杠杆调节的经济模式下，居住分异现象的存在具有一定的必然性，它不但是社会贫富差距的体现，而且也是居住需求多样化和个体差异的体现。从社会学的角度，适当的空间分异更易于满足不同人群对空间的需求。但若不加控制地任由其发展，必将引发更多的社会问题。

首先，由于空间的分割导致不同阶层之间的交流减少，而积极健康的群际交流对推动社会和谐具有重要作用，群体之间的隔阂若不能通过有效的沟通方式疏导，则会加剧社会矛盾甚至引发剧烈的社会冲突。其次，空间分异通过表面直观的视觉表象，长此以往形成社会阶层等级的暗示，容易对弱势群体产生负面的心理影响，甚至引发对社会的仇恨与报复心理。最后，居住空间的公平也可以起到一定的精神教化作用。居住空间结构的公平正义对社会和谐、人与人之间平等交流有着不容忽视的伦理意义。

2. 以“居住融合”实现“空间正义”

20世纪70年代以后，美国对其住房政策进行了战略性调整，一改以往一味建设带有强烈阶级意味的公共住房的做法，通过住房与小区开发法案，建立“高低收入者混合居住区”（Mixed-in-come Community）的模式，以削减贫富分区、黑白隔离的状况，促进社会群际交流，以维护社会和谐稳定。这是美国在数十年城市发展中所获得的经验教训。虽然我国的空间分异情况与其不尽相同，不存在过激的种族冲突问题，但不容否认的是，空间分异的现象在我国的城市化进程中日趋明显。为了防止社会的两极分化，缓和人民内部矛盾，正确处理好公平与效率的关系，我们需要探索出一种混合居住的新环境模式，以减少不同社会阶层在居住资源享有上存在的差异，实现不同社会群体在同一社会空间中的和谐共生。

对混合居住模式探索的典型做法是在比较昂贵的、普通中低收入人群支付不起的小区，建设适量的经济住房，提升居住群体的异质性。另外则是通过拆除、修复等城市更新办法对非常简陋的公屋实施改善，提高邻里环境质量，建设可持续小区。在我国，为了缓解居住分异的社会问题，不同学者同样提出了自己的看法。如“大混合、小聚居”的阶层融合模式，既可以促进不同阶层的交往，又可以使不同阶层之间保持一定的距离。

三、“公平正义”与公共空间

上节对居住空间分异的探讨是基于整个环境空间结构的宏观设计层面上的，而公共空间则可作为环境设计的中观层面。环境公共空间中同样存在些许有违社会公平正义内在要求的现象，影响到了社会的和谐稳定。

1. 公共空间的定义

公共空间泛指城乡环境中涉及公共活动的空间。公共空间承载着居民的公共交往与商业活动，同时也是人与自然沟通交流的重要场所，它需要满足居民基本的生理和心理需求。同时，公共空间如广场、街道等是人们认知环境的重要物质空间，为人们理解环境提供了必要的条件，空间中的各元素交互作用形成了人们对环境的意象。

2. 公共空间的伦理功能

公共空间具有丰富的文化和精神内涵，其发展演变不仅体现着社会伦理的价值内涵，还包括历史、政治、宗教、文化等方面的价值。公共空间与居民的日常公共生活息息相关，对其伦理内涵的探讨有助于我们在当代环境设计中，更为契合地实现对社会大众的人文关怀。

1）公共空间的政治功能

对公共空间的认知与理解，具有不同的视角。首先，我们可从客观的物质存在角度对空间进行理解、分析，将空间作为一个物质的实体构成形态，侧重于设计学科的研究。其次，我们可以立足于人类的交往和行为模式层面，侧重于环境心理学和环境行为学的研究。最后，也是本书讨论的重点，是从伦理的视角出发，分析公共空间的政治伦理隐喻及其所包含的道德价值。

政治文化意义上的公共空间是一个带有民主色彩的概念，即“公共领域”（Public Sphere），是居民参与公共活动、发表言论的重要场所。思想家汉娜·阿伦特与哈贝马斯有关公共领域的相关理论研究对此作出了重要的贡献。阿伦特指出：“公共领域不是一个固定不变的实体，广场、舞台、议事厅或街头等物质环境，只有当人们以言行的方式聚集在一起，就共同关心的事情彼此交流时，才成为真正的公共空间。因此，公共空间是一个由人们通过言语及行动展现自我，并协调一致行动的领域。”[①]

一如列斐伏尔所说：“空间始终具有政治性、战略性和意识形态性，有一种

---

① 汉娜·阿伦特．人的条件[M]．竺乾威，等，译．上海：上海人民出版社，1999：45.

空间政治学存在，因为空间是政治的。”[①] 从空间的政治属性出发，我们可以明显地感受到公共空间所深藏的政治伦理意蕴。

在雅典时期，城邦成为公共文化的圣地之后，市政广场取代宫殿处于城市的中心地位，成为公民日常生活的中心。市政广场虽然兼具商业、日常活动等多种功能，但其最重要的价值所在是一个宗教和政治活动的场所。一方面，它为公民的相关宗教仪式活动提供了一个场所；另一方面，它是公民自由议政的场所，在此公民可自由发表言论、参政议政。古罗马时期的市政广场，与雅典时期有类似之处，它既是商业与公民公共活动的场所，也承载着城市的政治和宗教活动。在罗马帝国时期，中央集权进一步强化，因此在广场的空间布局上强调几何对称，对称的空间形态是为了突显皇权的庄重与威严，同时成为皇权、贵族歌功颂德的场所，成为禁锢人们的思想、实现专制统治的意识形态工具。

西方的中世纪城市生活以宗教活动为中心。当时建造者的心血主要倾注在以教堂为中心的宗教性广场上，这些带有宗教意味的公共建筑是城市的核心并制约着公共空间的设计布局。直到 13~15 世纪前后，伴随着思想解放，体现人文主义的建筑、街道及广场又开始成为城市的主要视觉元素，广场的功能也趋向多元化，与市民的日常生活密切联系。

由此可见，公共空间具有强烈的政治意味，其形制所体现出来的是皇权、宗教、资产阶级权力的象征隐喻，从一定程度上来说，是意识形态层面的统治工具。当代公共空间的设计建设中，我们应该注意其所暗含的政治隐喻，致力于为社会大众营造公平、民主、自由的环境氛围。

2）公共空间的精神教化作用

公共空间所具有的伦理价值不仅仅局限于政治方面，对人的行为也存在一定的诱导作用，具有一定的精神教化意义。

美国学者詹姆斯·威尔森和乔治·凯林所提出的“破窗理论”（Broken Window Theory）能很好地印证空间环境对行为的诱导和暗示作用。“破窗理论”认为，如果有一个建筑物的玻璃被人打烂且没有得到及时的修缮，便会给人造成一种即便打烂再多的窗户也似乎是合乎情理的心理暗示。如果社会长期处于无序的环境之下，犯罪的行为便会随之滋生。由此对公共空间设计的启示是，我们需要维持整洁的生活环境，让公共空间处于井然有序、充满善意的状态中。

---

① 包亚明．后现代性与地理学的政治 [M]．上海：上海教育出版社，2001：67.

当代随着社会意识形态的改变，民主、自由、平等的思想深入公共空间，深层次的变化必将影响到环境中人的心理。同前文所说的类似，宗教建筑在当代社会虽然已不具备构建整个社会精神风貌的力量，但是这并不等同于公共空间对现代人已不具有伦理教化方面的价值，公平正义作为构建和谐社会的内在要求，也同样应彰显在空间环境的设计上。例如，“无障碍”设计、“通用设计”等让环境充满友好的表情，是“以人为本”思想在环境设计领域的重要价值体现，是对残障人士、老年人、儿童甚至所有公民细腻的关爱，事关社会公平正义，有着重要的道德教化作用。

3. 从无障碍设计到通用设计

1）无障碍设计的背景及内涵

20世纪初，由于人道主义思想的兴起发展，在设计学领域产生了一种新理念——无障碍设计（Barrier—Free Design）。通过运用现代的科学技术改善残障人士的生活空间，创造一个“人人平等”的环境。对无障碍设计的研究、实践最早可追溯到崇尚人性化设计的北欧国家，在20世纪30年代初，北欧等国家就出现了专供残疾人使用的公共设施。随后许多国家都开始积极探索关于无障碍设计的理论，制定了相关法律法规及鼓励政策。丹麦人卡·迈克逊于1950年提出了“正常化原则”的设计伦理观念，主张身心障碍者应和一般人一样能在社区过普通人的生活。20世纪60年代初民权运动推动了残疾人士的维权，美国成为世界上第一个制定“无障碍”标准的国家。1981年，联合国提出了无障碍设计的宗旨——“完全参与、机会均等”。无障碍设计开始在世界范围内得到广泛重视并得到推广。

我国第一部与此相关的标准规范《方便残疾人使用的城市道路和建筑物设计规范（试行）》，于1989年4月颁布实施，这是我国无障碍设计一个全新的开始。我国无障碍设计的又一次里程碑式的跨越，以修订后的《中华人民共和国残疾人保障法》为标志，2008年北京奥运会、残奥会的召开极大地推动了我国无障碍设计的发展，国内关于无障碍设计的意识得到了极大的提高。

无障碍设计从狭义上来说，是为了消除残疾人在日常生活中活动的障碍，强调残疾人同健全人平等地参与社会生活的重要性；从广义上来说，无障碍设计不仅仅局限于残疾人，它泛指一切行动有所不便的人，如老年人、幼儿、孕妇等，扩大其行为活动范围与生理感知范围，就是为所有具有不同程度不便的人营造一个平等参与社会生活的空间环境。无障碍的环境不仅有利于有障碍的人士，同时也有利于社会中其他成员身心的健康发展。“生活区里没有身心障碍者的话，对于人的成长并不有利。在日常生活中经常接触一些老龄人或残疾人的话，能培养同情和照料之心。”①

无障碍设计体现的是一种以人为本、公平正义的伦理关怀，但是值得我们注意的是，在构建无障碍环境的过程中，我们不能将视野仅仅局限在物质层面，如建筑物的扶手、残疾人专用厕所等，为了实现全面的关爱，我们还需要关注其心理特征及精神需要，为特殊的人设计不能让人感觉特别，而要尽可能地避免让人产生边缘化的感觉。

由此可以看出，包容性对无障碍设计真正得以实现的重要意义，由无障碍设计逐步走向通用设计，符合环境设计伦理的正确方向。

2）通用设计

通用设计（Universal Design），即“普遍的、共同的、全体的”设计，强调无须特别设计就能为所有人使用的环境，是一种平等的设计思想体现。其主张不分性别、年龄与能力，适合所有人方便使用的环境设计。

通用设计的服务对象不局限于特定的使用人群，而无障碍设计侧重于为残疾人、老年人等弱势群体服务，将设计特殊化。通用设计则是在满足社会大众多样化需要的前提下，更具整体观的设计伦理观念，可以视为无障碍设计的延伸与发展。两者的服务对象虽有所不同，但两者都是立足于以人为本的设计思想，其基本的设计思路、方法是一致的，并且都是以减少障碍，实现空间的方便、自由、可达、安全等为目的。从更深层的伦理层面来看，通用设计是对公平正义的更高层次的诉求。残疾人、老年人等弱势群体同样需要得到社会的尊重与认可，他们需要在参与社会活动时得到与普通人公平一致的对待，而不是以特殊的设计将其特殊化。通用设计开阔了无障碍设计的思路与前景，为环境设计的发展提供了新模式。

位于英国的潘宁顿步行桥（Pennington Road Footbridge）就是一个将特殊人群与普通人群需求相结合的通用设计案例。桥上的无障碍坡道好似蜿蜒盘旋在一个小山坡上，弱化了残疾人被“特殊”照顾的不平等感，同时这样盘旋而上的缓坡也为普通人群提供了一个休憩的座椅，既有利于积极交流与互动，又增强了社区的归属感。

在社会大众多样性、差异性的需求之间存在着永恒的矛盾。环境设计的目的便是以科学、合理、公平正义的方式协调各环境要素，均衡这些复杂矛盾。这是环境设计的重要社会责任。

---

① 早川和男．居住福利论：居住环境在社会福利和人类幸福中的意义[M]．李恒，译．北京：中国建筑工业出版社，2005：112.

第四章　环境设计伦理的生态维度

第一节　当下环境设计伦理的生态背景与伦理反思

一、当代社会生态危机

1. 生态危机及其影响

环境作为人类生存与发展的基本条件，是人类的生产、生活的物质与精神来源。然而，当人类实践活动的作用和影响超出了环境自身所能承载的限度时，则会产生出不利于人类生存发展的消极环境效应，也就是环境问题。当环境问题发展得更为严重时，则会引发生态危机。生态危机是指由于人类不合理的开发和利用导致自然环境和生态环境系统的失衡，致使生态退化。

随着工业社会的发展，人类在享受着经济发展所带来的物质满足时，也盲目地沉浸在这样的巨大成就之中，征服自然的野心日益膨胀，以蛮横的手段打破了人与自然之间原有的平衡，由此引发了植被退化、土地荒漠化、物种灭绝、能源缺失、臭氧层破坏、全球变暖等诸多生态环境困境，使生态环境遭到毁灭性的危机和灾害。其中，工业化所引发的城市化运动的发展，不可避免地造成了环境污染、噪声污染、资源滥用等问题，给人们的生存和发展带来了巨大的危机。而人类社会的经济快速增长通常以高消耗、高成本地攫取物质资源为代价，而这也让我们面临着环境破坏、生态危机的惨重后果。生态是人类生存发展的重要保证，也是人类社会安全的重要内容，这种自杀式的经济发展模式无疑是不可取的，频发的生态危机和环境问题也给我们敲响了一次次的警钟。

基于这种环境和社会背景，人类逐渐意识到良好的生态环境对发展的重要性，提出生态环境保护和可持续发展的理念。在环境设计中，人们也更加积极地将生态环境保护理念融入其中。例如，基于生态环保的观念意识，设计者在室内设计中在满足使用者需求的基础上，避免室内装修材料的过度使用；尽量使用生态环保材料；重视自然元素如阳光、河流和绿植的有效利用。在减少能源消耗以及对自然环境破坏的同时，也能增强室内环境的自然气息。人居环境是重要的人类生存环境之一，将生态观念融入环境设计中对于改善和提高人们的生活品质有着至关重要的影响，也是实现人类与环境和谐关系的重要伦理内涵。

2. 生态无国界

环境是一个有机的整体，地球的空气、水域和土壤都是相互流通的。环境的污染和生态的破坏并不会滞留于一隅之地，也不会因为空间上的距离和国土的边界所阻隔，任何污染都会影响全球环境健康，呈现“蝴蝶效应”，这也就导致了环境问题不可抗拒的全球性后果。

现在存在着严重的污染跨国界转移问题。发达国家试图以投资之名，将本国产业中危害生态环境以及损害工人健康的工业项目和产业迁移到发展中国家，本质是将本国的环境污染转嫁到相对落后的国家，把落后国家的人民推到环境问题的最前线，以此从中谋取可观的利益。这种跨国界转移污染的举措对环境和人类来说都是不公平、不合理的，不仅是对发展中国家和欠发达国家的歧视，也是一种掩耳盗铃、自欺欺人的观念使然。

环境无国界，生态亦是如此。在生态环境问题面前，全人类的命运是休戚与共的统一体，谁都不可能独善其身逃脱生态灾难的影响。因此，生态观念意识并不是仅限于部分群体，而应该是一种自觉的全民意识。在环境设计和实施过程中，应该合理利用和珍惜各种资源，实现空间资源使用的最大化；尽量减少对环境的影响和污染，打造诗意的栖居地；充分利用自然条件，实现自然与人居环境的融合统一。这些都是我们在环境设计中所要考虑和深入研究的内容。

3. 生态伦理观念

在当代全球环境背景下，生态与伦理之间有着高度契合的终极目标，即以保护自然资源来促进人类的发展，实现生态平衡。这也是人类在改造自然的实践中所要把握的伦理关系及其调节原则。因此，想要从根本上解决生态危机和环境问题，必须跳出传统伦理的视角，把人类道德关怀的对象扩展到整个生物圈和全球，将实现人与自然、人与人、人与社会和谐共生作为终极目标。以正确的生态伦理观念指导人类在实践活动中维持自然的生态平衡，合理利用自然资源以及督促人类履行对自然生态环境所肩负的道德义务与责任。这样的人、自然、社会三者和谐发展的思想观念，为人类在合理限度上追求物质和精神财富提供了重要的规则框架。

建筑作为最高能耗的行业之一，与生态环境的保护可谓息息相关。据统计，中国建筑的能耗大约占全社会能源消费的28%~30%。在生态建筑学已经被提出将近 50 年的今天，面对这样的现状，在生态伦理观念的指导下进行设计已经刻不容缓。在生活中，有许多包含生态、环保、绿色概念的广告宣传，但是这些似乎都只是开发商加价的筹码。人们却疏于关心，真正的生态环保是以怎样的设计方式实现的。而巴黎通过生态伦理指导进行的城市规划，是生态意识在设计中的成功实践。

有学者曾认为，法国巴黎这样一个人口密集的有着千年历史的城市，是难以实践生态设计的。但事实正好相反，这样的城市亟须环境保护。设计者们在面对古迹和老街区时，以满足时代需要为基础，在城市风貌上做可控范围内的改造。例如，政府尽可能地在用地紧张的城市社区里面增加绿地、花园和树林，提高环境质量以改善人们的生活。同时，园林技术专家也提出发展综合性生物保护控制，以提高生物多样性和增强植物的抗污染能力，改善城市的环境问题。而巴黎的生态保护，不仅依靠政府的政策规定，还是市民共同努力的结果。巴黎居民很少使用杀虫剂，而是通过施放瓢虫、增加蚯蚓来进行生物防治和提高土壤的质量。这些都不需要高成本、高技术的支持，只是人们生态伦理观念的自然流露和显现。

二、当代社会生态危机下的伦理反思

1. 环境与道德

两千多年以来，由于受到人类中心主义思想观念的驱使，人类的目光一直投向人与人、人与社会的关系及行为上。人类一直只把自然当作生活资料的原产地，作为人类生命活动的对象、工具和材料，人类对待自然始终抱有功利的价值观念，而无道德和伦理可言。基于这样的观念影响，导致人类在改造自然的过程中，随心所欲地对环境肆意破坏，无节制地侵略和剥削大自然。直到20世纪70年代，在全球生态危机频发和环境污染日益严重的背景下，人们才开始重视环境问题，并重新审视人与自然之间的关系，反思人类对自然的无休止索取。如何使人与自然和谐共处，成为当今社会迫在眉睫的首要任务，也是环境设计中所要解决的重要问题。

人与自然关系和谐发展的前提是，人们必须改变以往根深蒂固的传统观念，树立一种正确的生态发展观，重新唤起人类对自然的道德意识和伦理观念。人与自然过往的历史告诉我们，人类与自然是息息相关、互惠互利、和谐共生的统一体。人与自然是实践基础上动态的内在统一。人一旦离开了自然，便无法生存，人便不再是人了；自然离开了人，便也不能称之为自然。因此，保护自然也是保护人类自身。人类应该把自己作为自然界中的一员，同样以“人道主义”的方式对待自然，将自然也作为人类伦理道德的对象，以树立一种新的、自发的生态环境观念。只有这样，才能真正意义上唤醒人类的环保意识、生态观念以及对自然的责任感，同时也在人们内心建立一个环境道德行为的善恶标准，以此作为规范人类行为的准则。

2. 思维定势的扭转

纵观中西方古代哲学思想，不管是中国以人为中心的宇宙一体化思想的

"阴阳五行学说"，还是西方的"人本主义"观念，都呈现出浓厚的人类中心主义思想。这一把人当作价值衡量尺度的价值观念，影响了一代代人的思想和行为，形成了可怕的思维定势和思想意识。它将人置于宇宙中心，认为只有人才具有内在价值，也只有人才能获得伦理关怀，认为人类才具有价值观，只有人才能把价值赋予自然，自然只是人类获得生产资料的原产地。这一系列僵滞的思想观念使人类难以平等地看待自然，认为人类对自然不负有道德义务，而对自然的义务也只是实现对人的义务的间接表达。而在近几十年，伴随着日益严重的生态环境问题，人们开始质疑人类中心主义思想的正确性和合理性，并重新审视人与自然之间的关系。随着思考与研究的逐步深入，产生了人类中心主义与非人类中心主义思想观念上的分歧，这也标志着传统思维定势开始被扭转。

基于生态的发展观念把自然纳入获得人类伦理关怀的范围内，将人与自然之间的关系视为由伦理道德调整和制约的关系，把一切生命存在物作为道德关怀的对象，将它们都置于一个道德水平线上，而人类由宇宙的中心、自然的主人变为生命存在物的普通公民。这是对人类中心主义和人类沙文主义影响下，所产生的错误的人与自然之间伦理关系的摆正。而改造自然的目的不再是为了征服自然，而是为了人类更好地生存和发展，实现人类与自然的和谐共处。

3. 生态需求

人类的需求一般可分为物质需求和精神需求，但是随着社会的不断发展和环境问题的日益显著，我们应该迫切地关注人类的生态需要。随着消费主义的诞生，过分追求物质的欲求，给社会、环境和自然都带来了严重的影响。地球资源是有限的，人类的欲求是无限的，我们应该抑制不合理的物质消费，而以生态需求作为重点树立合理的消费需求。

生态需求是人类需求发展的较高阶段。我们生活在地球上，自然环境的状态直接影响人类的生存与发展。而人类的生态需求则是指人对环境质量的需求。生态需求是基于生态环境保护才能成立，是人类生存发展的必要条件，也是环境设计的重要因素。

如何在设计实践中，实现人们在人居环境设计中的生态需求，是设计者们在不断探索的问题。例如，近二十年中，中欧的重要航运河道——易北河的堤坝多次被洪水冲垮，连续三次将周边的德国村庄摧毁，其中包括 139 座建筑和大量的农田、村舍。在该洪水风险区修建房子的需求下，荷兰建筑师欧泽斯设计出"漂浮村庄"以提供解决办法。他认为建筑可以是移动的，当洪水来临之时，通过新技术和材料的使用让整座房子漂起来。现如今，在北欧和泰国等许多国家都在研究漂浮建筑，希望通过浮力的原理让建筑能够浮起来，不仅可以缓解洪涝灾害的影响，还可以更加方便地获取所需资源。

曾有学者提出，社会对非常规设计风格和理念的不支持，局限了设计中的创新。因此，面对日益加剧的环境恶化和生态灾难，设计师们应该跳出已知的领域，变换新的思维和理念，帮助人类部分面对灾难。比如，有的设计师提出将建筑中所使用的木材换成“有生命的树”，即结合藻类和其他植物对木材进行基因改造，达到净化空气和给建筑提供能量的效果，打造具有自行修补功能的活性城市。或是在像威尼斯一样具有沉没风险的水上城市的设计中，尝试使用活礁石作为地基的一部分，不断生长的礁石也许能够挽救其沉没危机。

人类创造的城市本质上也是一个有机生命体，会随着人类而进化。利用基于伦理的生态设计，将人与自然放在一个平等的水平线上做到和谐共生、互惠互利，使人类在环境灾难面前不再只是成为环境灾害的受难者，这也是设计者为拯救世界所献出的一份力。我们只能希望电影里的台词——“这是人类的最后一片陆地”，所描绘的人类危机永远不会到来。

三、环境设计生态伦理观念的缺失

生态危机的出现促使人们关注自然与环境保护，生态伦理观念也随之产生。生态伦理观是关于人与自然之间道德关系的学科，对指导人类解决日益严重的环境问题以及提升人类道德境界具有重要的影响和作用。这种观念使人类冲破人是主导中心地位的思想禁锢，认为自然与人是和谐共生的统一存在，并将自然纳入人类道德关怀的视野，希望通过人类的道德规范约束人类对自然的行为，从根本上解决当代迫在眉睫的生态危机。

由于我国现阶段是以经济发展为重心，国民在努力满足自身物质需要的同时，也不可避免地忽视了生态环境保护，导致大部分民众生态伦理意识薄弱，对环境的重要性认识不足，或者说尚未意识到环境问题是一个道德问题和生态意识问题。因此，基于环境保护的生态观念并不是指为了维护生态环境的平衡，而是在环境设计过程中，在充分考虑生态系统的规律的前提下进行实践活动。环境设计是把双刃剑，它可能是毁坏自然环境的最后一根稻草，也可能是实现人类与自然之间和谐共处的有效手段，而生态伦理观念在其中有着不容忽视的重要地位。

生态伦理不仅可以在思想观念上指引人们正确对待自然，在国家宏观调控的失灵部分亦可起到纠正和补偿的作用，对国家的经济发展有着重要的积极作用。在古代，贫富有别的生活方式是维护封建等级观念的重要手段。君王作为最高统治者，所居住的宫室穷尽奢华，其宫殿材料的选择也是“穷尽天下之物”。古代木构架建筑中最为核心的建筑材料为木材和石材，比如明代紫禁城的建造中不乏珍贵木材的使用。城墙、室外的地面和墙体所铺设的“金砖”需要江南苏州质感细腻的泥土，汉白玉石材则是距京城百里之外采集而来。这些材料不仅极为难得且运输困难，而且需要精致、烦琐的制造工艺。面对专制主义的封建社会，建造奢华的居住环境可以被理解为一种维护阶级统治的政治方式。而在当下的社会，许多设计为了追求富丽堂皇的感官享受，在建造面积上尺度宏大，过分浪费土地资源；材料上追风奢侈贵重的建筑材料；亦为了满足攀比心理，盲目引进国外的高档植物品种。这不仅造成了经济财产的浪费，同时形成了盲从、逐利的不良社会风气，也是生态观念的缺失使然。

在生态伦理观念的促使下，环境设计应该立足于环保生态的方向，坚持以自身功能定位为准则，选择符合生态观念的材料，遵循“适度、集约、低能耗”的原则，在设计中尽量采用当地适宜的材料，避免外地材料的大量使用，以减少运输和采料过程中所造成的不必要的能耗和资源浪费，实现设计的实用性、经济性和美观性。德国生态建筑师沃纳·索贝克致力于未来型节能住宅，他一直关注生态环保理念并据此设计了自己的代表作品。这是一个与气候友好的节省资源的经典房屋，它只有相同尺寸房屋 15% 的重量，节约大量的建筑材料以及在制造过程中所需的灰色能源。房屋自身能够产生 150% 的所需能源。房屋外墙都是由三层特殊玻璃组成，玻璃的层与层之间有气体流通，不仅可以实现房屋室内光照的需要，还能有效隔热，调节室内温度。

环境的生态系统虽然具有自我净化和自我调节的作用，但是面对接踵而来的掠夺和破坏，自然早已超出自身的承受范围。生态平衡一旦被打破，将很难再得到恢复。因此，面对生态危机所带来的负面作用，不能寄希望于事后的补救措施和自然自身的净化功能，而是应该从根源上遏制生态危机的出现。通过基于生态观念的环境设计，将人类对环境的影响减到最小，维持生态系统的平衡。这种观念应该是全球性的生态观念，只有生态观念深入人心，才能实现人类追求理想生活的美好愿望。

第二节　生态意识影响下的人造环境

一、生态环境

我们在讨论环境设计伦理的生态维度时，不得不深入探讨对“生态环境”一词的理解和界定。只有充分了解生态环境的含义，才能更加清晰地界定“生态人造环境”这一概念。

“生态”一词随着生态学概念的兴起而被人们熟知，是对各要素、物体之间复杂关系的研究。早期生态学主要是将动植物群落及其生态系统作为研究对象和范围，直到美国的社会学家帕克在 1921 年首次提出“人类生态学”，才将原本的生态范畴延伸到人类生态研究的层面。随着 20 世纪 60 年代人类所面临的生态污染、资源匮乏和人口爆炸等问题的出现，生态学以及生态意识再次进入人们的视野，人们开始关注、思考宏观和微观领域中生态与环境之间的关系。

在国内“生态环境”这一词的首次提出是在 1982 年的第五届人大第五次会议上，黄秉维院士提议以“保护生态环境”取代“保护生态平衡”。自此，“生态环境”一词在宪法和政府工作报告中正式使用，并沿用至今，但国外很少用“生态环境”这一词的提法。

目前，国内学术界对生态环境一词含义的理解尚有分歧，争论不休。陈百明教授认为，生态环境所指的是“不包括污染和其他重大问题的、较符合人类理念的环境，或者说是适宜人类生存和发展的物质条件的综合体。”[①] 他提出对生态环境的理解不应该仅从字面含义出发，必须厘清生态环境的含义。因此，生态环境的范畴应该理解为不包含污染及其负面生态问题，适宜人类生存发展的理想环境，这样对生态环境一词才有积极、清晰的精神指向。

生态环境是一个十分庞杂的生态系统。一方面生命存在物依赖外界生物和非生物环境而生存发展，另一方面非生物环境又因为某一生命存在物的活动而造成影响，最后由于非生物环境的改变又必然作用于生命存在物本身。这二者之间相互影响、相互依存，并不是孤立存在的。整个生态系统的良性循环是整个系统中所有个体和片段共同作用的结果。

---

① 陈百明 . 何谓生态环境 [J]. 中国环境报，2012（10）：2.

1. 人、人造环境、自然

环境（Environment）的定义是“围绕着人类的外部世界，是人类赖以生存和发展的社会和物质条件的综合体。”[①] 但是这种定义很容易将环境与人类两者之间形成一种主客二分的状态，使二者产生敌对的关系，不免透露出人类中心主义的思维倾向。生态学认为“环境是所有有机体生存所必需的各种外部条件的综合”[②]，而环境学则认为“环境是指与体系有关的周围客观事物的综合，包括自然环境和社会环境两大部分。”[③] 这些都是随着人类社会的发展，人类在不断丰富自己认识世界的视角下对环境所下的不同定义。

对于环境的分类应该将社会、文化等内容纳入其中，基于人的自然属性和社会属性，大体上可以分为原始自然环境、次生人造环境和人文社会环境。其中，人造环境中强烈地渗透出人类的文化意识和思想作用，是当代社会伦理关系的重要体现，也是环境设计伦理作用的重要主体。

人生于自然，源于自然，自始至终都是自然的一部分，但是由于工业文明时代机械论和人类中心主义思想观念的荼毒，人类为了自己的利益，强势地掠夺和侵略自然，导致生态污染和环境破坏，打破了生态系统的平衡性。人造环境是人类通过在原生的自然环境基础之上所创造、改造的物质环境。它作为人们的第二自然，对人与自然的敌对关系有着不可忽视的调和作用。在环境设计伦理的作用下，能够保证既满足人类的物质、精神需求，又能不破坏自然环境。基于此，人造环境必须是绿色的、生态的、可持续的。

2. 人造环境的生态伦理诉求

人类生存和发展的基础是自然，它涵盖了人类生存所必需的一切自然条件和自然资源。它也是一个动态的、复杂的、庞大的系统。而在中国，这四十多年来，经济的飞速增长是以环境的高消耗为代价的发展方式。不仅产生资源浪费和效率低下的后果，也使得环境的破坏成为我们生存发展的绊脚石，这也是目前环境设计伦理亟须解决的难题。

人造环境、自然环境、社会环境所组成的环境整体是环境设计伦理作用的主要对象，而人造环境则是连接人和自然之间关系的生态媒介。只要人类一日生活在地球上，环境就会受到人类活动等的影响并且被改变。现在所面临的生态危机的根源在于，过分盲目地追求经济与技术的增长而忽略了生态的观念和意识。因此，人造环境的生态视角作为至关重要的中间环节，也是当代环境

---

① 辞海编辑委员会 . 辞海 [M]. 上海：上海辞书出版社，1999：3418.

② 蔡琴 . 可持续发展城市边缘区环境景观规划研究 [D]. 北京：清华大学，2007：26.

③ 陈英旭 . 环境学 [M]. 北京：中国环境科学出版社，2001：1.

设计伦理的重要内容。只有尊重自然、遵循生态系统的平衡才能打造适宜人居住的理想栖息环境，只有自然环境、人造环境和社会环境的整体和谐才能促进生态文明社会的最终形成。正如东斯尔德大坝的设计改造，就是基于生态伦理的人造环境设计实践的成功案例。东斯尔德大坝位于荷兰塞兰德，是政府为了消除潮汐的危害而在近海岸建立的堤坝。当大坝建成之后，政府没有多余的资金清理现场遗留下来的建筑、码头和垃圾场。荷兰著名的景观设计师高伊策采取生态的设计手法，将砂石堆推平建成一片高地，又覆以当地附近养殖场废弃的蚌壳，通过这样简洁的艺术化处理，形成一幅富有韵律感的装饰图案，使人们途经此地时既可以享受丰富的海景，又可以满足人们对人造环境的视觉感官上的需求。同时，这也为该地濒临灭绝的海鸟建立了一个栖息和繁殖的场所。

设计师以营造生态景观环境的设计理念打造一个可以让所有生物共同栖息的场所，实现了“人造环境”与“自然”之间新的共生关系，这种实现人类与自然双赢局面的环境设计正是人造环境的重要概念和终极目标。

二、人造环境的新生态

人造环境是人类通过设计架起的人与自然之间的一座桥梁，它是人类活动的产物，也对自然有着重要的影响。人造环境建设的过程中，极易由于缺乏生态意识而导致资源浪费、生态污染、环境破坏、植被锐减等，不仅为地球增加超量负荷，也会危害人类的生存、居住环境。在进行人造活动时，应该在地球承载负荷的范围内选择一种相适应的绿色、健康的生活方式，同时充分考虑资源的合理利用和生态系统的平衡，打造一个适宜人类栖居的生态人造环境。我们可以从 20 世纪 60、20 世纪 70 年代以来所提出的“绿色设计”“生态设计”“可持续设计”“创新设计”“适宜技术”入手，将生态意识注入人造环境的改造和设计中，寻求一种积极的、健康的、有效的生态危机解决办法。

1. 绿色设计

绿色设计是人类面对迫在眉睫的环境问题和生态危机之时，力求在人造物过程中寻求人与自然平衡发展关系的一个重要设计原则。它主要强调产品与环境的再循环、再利用、减量化和可拆除性，并将此作为设计目标，要求在满足人类需求，保证产品和环境的基本功能、经济性等物质需求的前提下，尽可能地降低资源消耗和环境污染，实现“人、机、环境”的协调发展，将人类对环境的影响达到最小干预。

自20世纪50~60年代开始，日益严重的环境污染问题时刻困扰着人类，给人类的生存环境造成了巨大的威胁。美国海洋生物学家蕾切尔·卡森所著的《寂静的春天》一书，第一次向人类揭示了生态危机带来的巨大危害，推动了人类生态意识的觉醒，标志着绿色设计思想的兴起。1969年，伊恩·麦克哈格在《设计结合自然》一书中则提到“如果要创造一个人性化的城市，我们须同时选择城市和自然。两者同时能提高人类生存的条件和意义”。[①] 他认为设计应该结合自然而不是选择与自然对抗。卡森和麦克哈格都是早期绿色设计的启蒙者，但并没有为绿色设计提出具体、全面的解决方案。直到美国设计理论家维克多·帕帕奈克于1971年《为真实的世界而设计》一书的出版，才真正将“绿色浪潮”推至人们眼前，促进了绿色设计概念和设计理念的初步形成，具有划时代的贡献和意义。在书中他针对设计的伦理问题提出了自己的主张和想法，强调设计应该为保护地球的有限资源服务。

随着人类生态意识的不断提高和一系列绿色理论研究的不断深入，20世纪80年代末在美国掀起了一个波及全世界的“绿色浪潮”。人们在生活过程中开始重视产品和环境的绿色性和生态性，将绿色设计的“3R”，即Reduce（减量化）、Reuse（再利用）、Recycling（再循环）原则融入生活方式之中，尽量减少资源浪费、环境污染和生态破坏。

总的来说，20世纪60年代绿色设计思想开始萌芽，它是人类重新理智地审视“以人为本”以及“人类中心主义”观念的产物。但是绿色设计的理念和方法，是人类在面对已经出现的环境问题和生态危机之后的措施和手段，希望设法将危害减到最低限度，以此延长危机爆发的周期。它还停留在过程后的“事后修复”层面，是一种不得已的补偿措施，尽管“减量化”“再循环”“再利用”等措施也很重要，但远达不到人类生存和发展的条件需要。它无法从问题的根源入手，以遏制人类不合理的生产方式和物质欲求，进而杜绝环境污染和资源浪费的问题。

绿色设计是一个具有广泛内涵的概念，广义上的绿色设计是从产品制造业延伸到其他相关行业，并进一步扩展到全人类、全社会的一种绿色意识。在环境设计中“绿色”是对空间设计“绿色”概念的外延，是建造适合人类栖息的安全、舒适、健康的绿色理想家园。它建立在对人类生存环境与地球的生态、可持续发展的认识基础上，尽量减少地球的负荷，推动人们亲近自然，使人与自然的和谐共生成为一种可持续发展状态。

---

① 伊恩·伦诺克斯·麦克哈格．设计结合自然[M]．芮经纬，译．天津：天津大学出版社，2008.

1）绿色建筑

“绿色建筑”并非是指具有立体绿化或者屋顶花园的建筑，而是指在建造中能够节约自然资源和能源、提供健康和舒适性的生活空间、与自然环境亲和的，使人与自然和谐共处、永续发展的一种建筑，又可称为可持续发展建筑、生态建筑等。

德意志商业银行总部大楼于1997年由诺曼·福斯特设计并建造完成。这座建筑共53层，298.74米高，是目前欧洲最高的一座超高层办公楼，也是世界上第一座高层绿色建筑。整栋建筑基本上能够自行实现通风和调节温度，将建筑的能耗和对环境的污染降到最低。在塔楼的三角形平面中间，设计有一个通到顶部的中庭，在三个方向各建造有4个12层高的单元，每个方向的办公空间中都设有多个栽满各种绿色植物的空中花园，成为一个供人休憩的绿色共享空间。塔内的办公室都设计有可开启的窗户，促进自然风的循环，避免全封闭式的高层建筑所带来的巨大能量消耗。塔楼的三角形平面和玻璃材料的使用能够充分地享受阳光，创造良好的视野的同时，又不会影响北面建筑的采光。这些设计既解决了高层建筑中致命的缺点，也最大限度地实现了建筑的实用性、经济性和舒适性，创造出了一个亲近自然的健康的人类工作环境。因此，“绿色建筑”也被称为会“呼吸”的建筑。

设计师有意识地将高层建筑设计成一个开放的、绿色的办公空间，克服了以往办公空间中呆板和压抑的氛围，使建筑中不仅有充足的阳光和源源不断的新鲜空气送入室内，还有大面积的植物群落，使得整个建筑充满生机和活力，给办公空间增添了新的内涵，这也是人性化的绿色办公的起点。

2）绿色房屋

随着社会科技水平的不断更新、创造，基于绿色设计的环保、生态概念，人们对于房屋的建造不再局限于传统建造工艺与材料。面对传统现场制作的建造方式，不仅耗费大量的人力与资源，也给环境造成了极大的污染。

1999年，根据国务院办公厅以国办发〔1999〕72号转发建设部等部门《关于推进住宅产业现代化提高住宅质量的若干意见》，中国的第一座“绿色房屋”在北京市近郊落成。绿色房屋的建造一改砖、瓦、钢、木等传统建造材料，全部采用“MC生态新材料”，也就是新型无机复合材料。这种新型材料不但具有防火阻燃、防蛀防潮的作用，且无毒、无害、无污染。作为一种实用性强的建造材料，能够为国家节省大量的能源和资源，减少对环境的污染和破坏。房屋设计选用加工好的半成品、成品材料以装配的方式建造，尽量减少现场制作所带来的浪费和污染。以框架结构装配的方式缩短了三分之一的施工工期，有效降低了生产经济成本，提高了劳动生产效率；材料的高效保温、隔热、防水性能，减少了供暖和降温的能源消耗和费用；新材料使用的一次性装修或菜单式装修模式可以有效避免二次装修破坏房屋结构所带来的能源浪费和费用的投入。

新材料、新技术的开发和推广无疑是建筑行业的一次革新旅程，对建筑绿色设计的可持续发展意义重大。

2. 生态设计

西蒙・范・迪・瑞恩和斯图亚特・考恩对生态设计的阐释是："任何生态过程相协调，尽量使其对环境的破坏影响达到最小的设计形式都称为生态设计。"① 生态设计注重协调人与自然的关系，意味着减少浪费、污染和破坏，以此达到人与自然双方的最优化。这种生态观念，能够有效地改善人类的居住环境以及维持自然生态系统的平衡。

随着对自然环境与人类生存环境密切关系的深刻醒悟，逐渐从"以人为中心"转移到"以自然为中心"的生态理念，形成了旨在保护人类生存发展的生态、绿色思想浪潮和运动。20 世纪 60~70 年代开始，大量出现带有绿色运动和绿色思潮的文学作品。这些里程碑式的"绿色经典文献"，无疑为人类自毁式的行动敲响了警钟。1962 年蕾切尔・卡森在《寂静的春天》中描绘了人类滥用杀虫剂的可怕后果，并且事后被无数的事实所验证。它从侧面向我们预言了 20 世纪 60~70 年代环境污染、工业污染的巨大危害。这本书被誉为"现代生态环境意识的宣言"，它的出现也标志着"生态时代的开启"。

20 世纪 80 年代初，大批的社会科学家，如德国的马丁・杰内克、约瑟夫・胡伯，荷兰的格特・斯帕加伦，英国的约瑟夫・墨菲和阿尔伯特・威尔、马藤・哈杰尔和阿瑟・摩尔等，他们都先后提出将生态理论作为解决环境危机的切入点，以市场调节作为手段，对环境问题进行预测和防治，作为解决环境问题的有效手段。由此，环境保护的重点从环境污染后的修复变成了环境污染前的预防。

20 世纪 60 年代所兴起的绿色设计主要强调降低人类活动过程中的能源消耗和环境污染。20 世纪 80 年代生态设计的诞生是对绿色设计思想的深化，它不仅突破了绿色设计的局限，还提出了全面的、具体的设计理念、方法和思路。生态设计以自然界平衡的循环、适度作为设计的首要原则，在人造物的

① 俞孔坚，李迪华，吉庆萍 . 景观与城市的生态设计：概念与原理 [J]. 中国园林，2001（6）：3.

整个生命周期过程中，力求在各个环节最大限度地降低对自然的影响，旨在处理好人与自然之间的关系，实现和谐发展。由此衍生出适宜技术、可持续发展设计、寿命周期设计、寿命周期工程、再循环设计等新的设计理念和方法。在进行环境设计时遵循生态层面的本土化、节约化、自然化的设计原则，从保护环境的角度出发，尽量减少资源消耗，强调再循环、再利用，实现发展可持续生态策略。

1）城市的乌托邦

由于生态危机一开始多出现在城市生活中，因此当时的学者们主要将生态设计置于对城市的规划设计中，以改善人们的生活环境并探索人与自然和谐相处之道。著名建筑师弗兰克·劳埃德·赖特所提出的“广亩城市”的城市生态设计理念就是其中的代表。

“广亩城市”的提出源于赖特对现代城市环境的强烈不满，以及渴望回归人类与自然和谐相处的状态，进而提出创造一种分散式的、低密度式的理想生态城。他曾经在《消失中的城市》一书中叙述了关于“广亩城市”的设想，每户居民都有一英亩土地供自己消费使用，在居住区之间提供便捷的公路、加油站以及公共设施以供汽车这一交通工具使用，并建设为整个地区服务的城市基础配套设施。这一设想所展现的是一个有机的、生态的城市景象。

在墨西哥与美国交界处的索诺拉地区，拥有北美洲最大的沙漠——索诺拉沙漠。由于其独特的环境和地理位置，该地不仅是具有世界上生物品种最多的沙漠，也是世界上最完整的、最大的旱地生态系统之一。“广亩城市”理念也在该地区的斯科茨代尔市的设计实践中得以实现，通过规划设计在尽量保护沙漠生态环境的基础上，规划城市生活，达到人居住环境与沙漠的和谐共处。“广亩城市”不仅是人类对于城市的美好愿望，也是人类生存、居住的理想乌托邦城市。

2）建筑生态设计

德国著名建筑师托马斯·赫尔佐格是生态建筑设计的代表人物。他提倡基于生态与环境设计视角下的建筑设计，在建筑材料、形式等方面与当地的自然环境进行整体、有效的综合考虑，以避免建筑建造中资源、能源的浪费和环境的破坏。他的设计作品体现着高工艺技术与生态技术的完美结合，着重研究太阳能源的利用和建筑的节能设计。他提出在生态建筑设计过程中要着重考虑三个要素：新技术、新材料的有效开发与利用，城市规划的交融性，建筑外立面的可调节设计。

雷根斯堡住宅是赫尔佐格建筑设计作品中生态与技术完美融合的重要代表作。住宅的周边围绕着茂密的树林，一条小溪蜿蜒而过，自然环境优美而富有生命力。他在建筑设计中也保留了这一自然状态，使建筑与周边环境融为一体。建筑屋顶采用倾斜式的玻璃顶延伸至地面，既丰富了建筑整体布局的层次感，又对建筑南面阳台和温室起到了过渡作用。建筑表层由大面积的玻璃覆盖，使得室内光线充足，具有较高的通透性，增强了建筑内外空间的渗透性和交流性。使用者虽身处于室内，但仍然可以感受自然的活力与生机。除此之外，通过建筑的玻璃表层使建筑可以直接利用太阳能，有助于实现较为封闭的建筑北面空间与南面空间之间的区域热能转换。在室内的地面采用较厚的地板，温室的底部也填充了大量的砾石，白天积蓄热量，到了晚上一部分热量释放到室内，多余的热量则通过墙面的通风口排散出去，对室内温度起到调节与平衡的作用。整体建筑主要采用木结构，呈现独特的三角形建筑形式，再加上结构细部的精心处理和特意裸露，使建筑具有强大的视觉冲击力和感染力。这种几何形式的建筑不仅可以带来形式上的审美享受，也具有较强的几何受力性能，使建筑可以抵抗较大的风力袭击。

可以看出，整个建筑的空间形态、材料及经济性、周边的自然环境以及使用者的感受，都是赫尔佐格在建筑设计中出于对环境整体把握的重要考量，以此最大限度地达到建筑与环境的和谐与生态，这也是建筑生态的重要特征之一。

3）公共空间生态设计

清溪川运河修复工程是公共空间生态设计的典型成功案例。清溪川运河修复工程是首尔市政府治理横穿城市污染河道的一项重大工程，场地位于首尔市中央商务区，全长 11263 米。随着生活废水和工业污水的不断排入，河流受到了严重的污染，引发了周边生态环境的退化。20 世纪 60 年代高速公路横跨流域更是加重了生态破坏，并将城市空间分割开来。因此，市政府决心修复河道的生态系统，给市民提供一个城市中央聚会的场所。

该修复设计分为四个重点步骤：一是沿河流的生态系统的修复和环境污染的治理，打造“绿色走廊”，同时建立雨水收集、污水净化系统，并基于水质净化基础设施能够承载雨季洪涝的最高要求进行设计，有效地改善河流水质、增加流域生物物种的多样性。这对建成城市自然空间以及生态城市的建设都具有重大的意义。由于清溪川的小环境河流空间在城市中容易形成较大的风速，对改善城市空气污染、减少热岛效应也可以起到积极的影响。二是复原历史遗迹，重点勘察历史遗物存留或堆积的区域，尽量保持原状，不破坏、损毁遗迹。三是进行桥梁设计。将清溪川的特色——桥梁打造为城市文化与艺术相汇的交流空间，使其成为地方标志性建筑，并且在桥与桥之间采用跌水的设计以缓和高差，进而增强市民的亲水性。四是景观的生态设计。河流两边的护堤是景观设计的重点，较缓和的堤岸坡度有利于堤岸空间的利用，堤岸上设计和布置有步行道、基础设施、休憩空间、墙面的壁画以及一些地标设计，丰富了公园的层次性和功能性。同时，还强调生态系统的保护和恢复，为鱼类、鸟类等动物提供栖息空间和食物源，这种基于整体的生态系统考虑也是环境设计中的重要部分。运河的设计随着季节和水位的变化而变化，石雕的沉浮、涨落给河道增添了一份趣味。

清溪川复原工程是首尔打造“生态城市”的重要内容，也是水体污染治理的重要典范。主要通过对生态污染区域的复原、文化遗迹的保留、特色地域空间的再设计以及景观的生态性设计四个步骤，为整个首尔地区创设了人与自然和谐一体的生态化公共空间。

3. 可持续设计

工业文明社会中，人类中心主义的观念将人类的需求置于环境的整体利益之上，致使人类与自然的关系越走越远。生态污染和环境问题成为人类不可避免的生存发展问题，它关系到人类社会发展和生存环境的延续。可持续发展摆脱了工业文明的“以人为本”和“个人主义”思想的束缚，为解决人类与自然之间不可调和的矛盾提供了一条可行之路。

可持续（Sustain）一词最初来源于拉丁词汇中的“Sustinere”，意指从底部抓起，但是当时并不是作为环境方面的词汇使用的。直到德国第一次用“Sustainable-yield Forestry”代表林业保护的方法时，才开始进入环境领域。直到1987年，《我们共同的未来》一书中才首次提出可持续发展的概念，认为人们应该在不影响后代需求与利益的情况下发展。直到这时，“可持续发展”一词的定义才正式被全世界所公认。1992年，《21世纪议程》在联合国环境与发展会议上通过，标志着人类首次将可持续发展问题由理论层面迈向实施和行动的道路上。可持续发展强调基于环境的整体意识的考虑，注重代际之间利益关系和各区域之间发展关系的平衡，协调发展“人与人、社会、自然”之间的关系。

“可持续设计”的提出源于可持续发展的思想理念。可持续设计，并非单纯强调生态环境的保护，而是解决当代人生存发展过程中与生态环境之间的冲突、矛盾关系，在不超出地球负荷的适合承载范围内谋求人类的发展，提倡一种兼顾消费使用者、生态环境、社会经济效益的整体的、系统的创新理念。这一设计理念也关注人类代际之间利益关系的协调发展，在不影响子孙后代长远利益的情况下满足当代人的需求，做到“取之有度，用之以节，则常足”[①]。设计师通过实践将可持续设计从环保设计的层面，深化为一种多角度、多元化、多方位的整体性把握设计观念，努力建构可持续设计的循环、利用、再生模式，对产品和环境进行设计和改造。

可持续发展观念的确立是建立在人类重新审视环境价值与意义的基础上，深入思考环境中其他个体生命的价值，也是环境设计中现代伦理观念的体现。最终基于以环境为核心的伦理观念，实现人与自然的价值统一，寻找人类与环境之间平衡的、可持续的发展状态。

总而言之，可持续设计应该充分考虑人类代际之间利益的和谐关系，建立在对生态资源合理、适度开发利用的基础上，最终打造一个适宜的、绿色的、生态的人造环境的人类栖息地。它是社会公平、正义的体现，是生态环境的伦理诉求，也是人与人、社会、自然和谐发展的根本途径。

1）后工业化景观规划

可持续设计在不同的社会背景、环境背景中被赋予了新的内涵，因此当代的可持续设计必须基于我们所处的后工业化时代背景和现在所突显的社会问题的基础上，才能达到一个适合当代社会、环境可持续发展的和谐状态。

全球后工业化时代的到来，导致社会大工业生产活动规模不断下降，社会与城市面临着经济转型和其他形式的更新。如何合理规划、利用工业时期遗留下来的工业遗产、构筑物以及工业化生产的污染地，成为后工业化景观规划设计的重要问题。在生态观念的引导下，通过可持续设计对遗留的各种工业设备、废弃物、构筑物加以保留和利用，重新营造工业时期遗留的环境空间，赋予其新的含义，唤醒城市新的活力与魅力。

德国埃姆舍公园的设计是后工业景观规划改造最为经典的案例之一。场地位于德国曾经的重工业区——鲁尔区，此地遗留下许多铁路、公路、构筑物和矿山机械等。进入后工业时代以后，由于产业的衰退和转型，引起了此地一系列的社会、环境问题。政府为了提升鲁尔区的活力，决定基于可持续的生态发展观念，重新改造设计国际建筑展区——埃姆舍公园，恢复鲁尔区的生态平衡。改造的内容包括净化被工业污染的埃姆舍河，复原河流两岸的景观，重新规划原有的工业建筑和配备城市基础设施等。其中，杜伊斯堡公园区域内因尚存有大量的工业遗址和构筑物，它的设计改造成为建造埃姆舍公园最为重要的

---

① 《资治通鉴》卷二百三十四。

部分。德国景观大师彼得·拉茨亲自参与了杜伊斯堡公园的规划设计。他希望接受和理解场地的过去，将现存的工业遗迹改造成为适合现代公园所需的基础设施，通过公园设计实现工业遗迹的使用，打造工业遗产与生态绿色的完美交织。杜伊斯堡公园的规划设计最大的特点是保留场地内原有的工业遗迹，根据不同的空间、结构，设计改造赋予其新的使用功能和含义，如将废弃的高架桥改造成为观光廊道、将混凝土墙改造成攀岩娱乐场等。为了恢复周边的水质，区域内设计有水循环系统，将处理后的污水、废水和收集的雨水流入埃姆舍河以实现生态循环。

设计中不仅保留了场地原有的工业遗迹，使原有的废弃材料得以再循环利用，对于场地的植物和杂草也尽可能地不去破坏，使工业时代的工业文明与空间完美地嵌入后工业化的生活，将场地的历史与文明毫无保留地展现在人们眼前。

2）建筑设计的可持续

随着全球进入城市化脚步的不断加快，建筑如雨后春笋般涌现，而建筑设计也面临着挑战和危机。据统计，房屋的建造中资源的使用和能源的浪费是影响自然环境健康的不容忽视的重要因素，无疑建筑的可持续发展观念成了当代建筑设计的重要概念。

德国的哥兹总部是一个充分展现现代社会所需要的可持续设计建筑，其无论在建筑结构还是建筑材料上都充分诠释了对建筑可持续发展的理解和对环境的尊重。建筑幕墙的可调节角度的百叶板将光线反射，以增加室内照度，为建筑节约 40% 的照明用电；屋顶的太阳能板充分利用和转化太阳能，将其作为建筑的日常能耗；而建筑幕墙的夹层、楼板和顶棚的空腔以及地下室等，加上幕墙内的高级可控系统与配套的设施共同调节室内的微气候。通过可持续设计尽量使建筑本身自行调节，减少人工干预，让建筑自身形成一个有效的机制系统，成为一个有“活力”、会“呼吸”的建筑，以实现建筑的生态可持续。

3）可持续观念的背离

环境观念和生态观念意识是可持续发展设计的前提和基础。现实生活中，由于我们生态、环境、伦理观念的价值偏离，在环境设计的过程中出现了一系列问题，如求大、求高、追求外形怪异、亮丽工程等现象。

这种无视生态、环境观念的规划和设计严重背离了环境设计伦理观念，给生态环境带来巨大影响和破坏，造成了不必要的生态污染和能源浪费。这是由于错误的环境生态观念的驱使。在衡量一个环境设计作品时，其评价体系往往缺少对环境、生态方面的价值考虑，习惯从人的感官享受和城市政绩的结果出发，无视人类在整个生态系统平衡中所担负的重要角色。

4. 适宜技术

适宜技术是一个根据具体情况而灵活变动的环境设计理念，旨在针对不同的自然气候、地域文化以及地域建造工艺与材料，采取不同的解决方案。适宜技术最早是在 1969 年，由诺贝尔经济学奖获得者 Atkinson 和 Stilts 所提出来的，原意是阐明发展中国家不要盲目效仿发达国家的先进技术，应该针对自身条件自行探索一条适合的发展之路。适宜技术并不追求材料设备的高级，而是强调在基于科学技术与环境保护的前提下，针对当地的社会、自然、人文环境的特征，在国家资源和群众经济能力承受范围内，以最佳的技术方式最大限度地满足使用者和建造者的需要。适宜技术的范畴已经突破了原本单纯技术层面上的含义，它是经济、生态、技术等多个学科形式与内容上的相互交叉与融合。对于适宜技术的内涵，世界银行曾提出可供参考的四条衡量标准：①目标的适宜性；②产品的适宜性；③工艺过程的适宜性；④文化与环境的适宜性。这些也可视为环境设计中适宜技术概念的核心内容。

“适宜”是适宜技术的关键，也就是要因地制宜。环境设计的适宜技术主要强调从环境的本土地域特征出发，以本土地域的自然环境、社会环境、地理环境以及人文环境为技术选择的评判依据，寻找“适宜”的相关科学技术，最大限度地实现社会、环境的统一、融合。吴良镛在其著作《广义建筑学》中认为，适宜技术就是能够适应地域特征的同时，以发挥多种技术融合的最大效应。就中国国情而言，先进技术、中间技术和改良后的传统技术三者的融合组成了适宜技术。

对于环境设计而言，像现代主义那样的统一范式已经远远不再适用于当代人的生活需求。适宜技术的产生和发展不但将人类与自然的距离又进一步拉近，给生态设计指出了一条清晰的道路，而且能使本土居民重新找回场地的历史记忆和文脉。这无疑使适宜技术成为生态技术的重要衡量标准。

1）地域性的场所精神

适宜技术尽可能地使用当地的材料和技术，这不仅是为了降低损耗、减少污染，也是对地域知识的尊重，并通过环境设计增强使用者对人造环境的依恋感和归属感，从而促进他们自觉对地方生态和环境进行保护，形成人与环境的和谐可持续发展。

竹土学校位于孟加拉国乡村地区，它是为了缓解当地人口外迁城市的压力，提高当地居民的生活质量和教育水平而规划建造的。学校的设计将当地传统的建造技术和工艺进行改良，并充分利用当地的泥土、竹子等现有材料进行建造。不仅使传统建筑的建造方式得以继承和保留，也使当地的地域文脉得以延续，保留独特的地域性场所精神。竹土学校的设计基于拓展学生的创造、学习能力以及兴趣爱好的开放式的现代教学形式，设计了多种不同的教育空间以及多种空间使用途径。建筑一层采用土坯墙建造工艺砌筑承重墙，楼上则采用竹墙的建造方式，并用竹竿制作顶棚，使楼上空间变得灵动、开放。相对空间跨度较小的竹屋顶，则采用当地的手工麻绳和竹钉进行制作和建造，更加突显当地浓厚的地域风情。由于该地缺少天然石材的储量，当地的建筑材料多用由冲积黏土砂烧制的砖块作为石材的替代品。建筑的底层增加了表面涂有水泥砂浆的砖地基，使建筑更加经久耐用，并降低建筑的维护成本。建筑的防潮层采用的是当地现成的聚乙烯薄膜，这也是对当地乡土建筑技术的改良和补充。

这种改良后的新建造方式成了当地未来建筑发展的典范。从竹土学校的设计、布局以及实施的细节可以看出环境设计的生态性和适宜性一定要从当地环境的本土出发，充分发展地域优势，继承、发展地对待传统的建造方式，使设计能够更加贴切本土地域，延续场所的精神特质。

2）新材料、新技术的交织融合

德国经济与技术的高度发达给德国建筑师带来了更大的发挥空间，新技术、新材料的运用再加上材料、光学、热工、流体力学等学科的交叉与研究，使建筑进入了新的阶段和领域，成为一种多重学科交叉而成的新型建筑，也给环境设计领域中的适宜技术带来了新的方向。

德国汉诺威博览会公司办公大楼（DMAG）于1999年落成，由德国著名的建筑师托马斯·赫尔佐格设计而成。建筑新材料、新技术的使用是设计师设计的重点，并在设计中充分考虑建筑环境、自然环境和社会环境，给使用者提供一个舒适的办公环境。建筑采用了双层立面系统，以利用中间夹层有效提高建筑的保温性能，降低建筑使用的能耗，解决了封闭式高层建筑的设计难题。内层立面设计安装有大量的可推拉式窗户，有效实现了建筑内部的自然通风；外层的玻璃幕墙有效阻挡了高层高压气流，对内部空间起到一定的防护作用；夹层内侧安装有自动百叶窗，以有效调节太阳光线的直射。通过建筑双层立面间层的柱基部分的送风口，经交通柱顶端的风墙风塔带动整个建筑内部的空气循环和流通。它的立面材料采用的是一种悬挂式空心陶制面砖，通过龙骨构架所形成的夹层，可以有效解决通风问题，还可以有效防止保温材料受潮，以确保建筑保温性能的稳定。这种空心的构造方式可以大大降低建筑单位面积的重量，同时便于材料的运输和安装，节省了许多人力与能耗。

新材料与新技术的发展，为适宜技术介入环境设计提供了可能，也是适宜设计不断发展的基础。

3）适宜技术之传统建造形式与工艺

（1）传统“天井”转向现代“中庭”

适宜技术这一设计思维在传统建筑中也多有体现。在古代没有电器，因此建筑设计往往更贴近人们的使用需要。中国古代建筑通常利用天井满足室内的采光照明，同时又能避免夏日的暴晒。院落多为坐北朝南，加之整体的建筑布局使建筑内部形成一个独立的空气循环系统，空气流动形成穿堂风，以此改善内部的微气候。

在许多现代建筑的设计中也会有保留中庭的做法。现代一些高层建筑会通过设计中庭，一方面解决室内空气流通的问题；另一方面利用现代的玻璃、钢材以及新材料，满足室内的采光照明，以减少能耗。中庭不仅成了建筑微气候的调节器，也成为一个建筑内部的灰空间或新的使用空间。再配合可控百叶等新技术的运用，更好地发挥建筑的生态性和节能性，以满足现代社会的生活需要。

（2）坡屋顶到双层屋顶的转变

中国传统建筑中多采用坡屋顶。传统的坡屋顶较之普通的平屋顶具有隔热、保温以及屋面排水的功能。在现代建筑设计中，坡屋顶的生态性在双层屋顶中得到了很好的延展。现代的双层屋顶通过上层的屋顶遮挡一部分阳光的直射，而双层屋顶中间所形成的空气流动实现保温和隔热。双层屋顶的设计有助于建筑防渗漏、隔热、保温、集蓄雨水并加以利用。还可以采用太阳能板作为屋顶表层的建筑材料，收集太阳能为建筑提供能源；下层的屋顶材料可使用经过保温隔热处理的绿化屋顶，以减少夏季由于暴晒所致的室内高温现象，为居住者提供一个舒适的居住空间。

由 SUEP 设计的悬链曲线住宅“Double Roof House”采用的就是双层屋顶的设计方式。自然材料、能源利用和可回收材料是浮动芦苇双层屋顶房建筑设计的主要元素。这座房子位于日本山口县中山市的一个居住区，周边邻里多为低层住宅，有很充足的阳光照射。建筑共有两个屋顶，屋顶表层为浮动芦苇幕墙，能够阻挡 50% 的阳光直射。双层屋顶将分离的空间联系起来，透过细小的缝隙让漫射光线透过建筑顶部的天窗照射进室内，使白天室内的光线变得柔和，而且具有隔热的效果。屋顶的芦苇材料是可回收的自然材料，不仅给建筑披上了一层自然、清新的外衣，也充分体现了项目对生态、可持续环境的思考。房屋设计遵循了场地的地势特点，依附原有的基地地形，安静而舒适地坐落在自然景观之中。

无论是空间布局，还是建筑结构的学习与改良，都体现出对传统技术的继承与改良，成为世界范围内适宜技术发展的重要源泉之一。我们应汲取古人的智慧，以尽量降低能耗和采用自然的材料，通过合理的设计布局，最大限度地满足人们的生活需求，将生态、环境保护与适宜技术交织融合，推进环境设计不断地发展。

第五章　环境设计伦理的审美维度

第一节　审美精神与环境设计伦理

一、中西方的美学流变

1. 中国美学历史演变

中国美学历史悠久，但是未像西方美学那样形成完整的体系与脉络，在这里我们根据中国美学史的历史演变和时代特征进行准确地把握，从根源入手阐述中国古代美学思想对环境设计伦理的重要性和指导意义。

中国美学思想生发于先秦两汉时期，主要集中在以儒家美学为代表的现实美领域。儒家主张“道德美”与“节制美”，提倡在满足情感欢乐需求的同时以道德理性加以节制，奠定了儒家以“道”为美的传统。道家美学站在儒家美学的对立面主张“自然舒适”，以“无情无欲”为自然人性，否定肉体感性生命的存在。道家美学也以“道”为美，但是与儒家的“道”在内涵上却相差甚远，道家在形式上驳斥世俗的感官愉悦，在内涵美上反对世俗的仁义功利道德美。正是由于道家美学的反世俗美的表象，所以在当时并未得到足够的重视。

直到魏晋南北朝，中国美学才得以初步构建。在这个中国美学的突破期，衍生出了儒道合一的玄学美学，继承了道家“适性”的美学主张，又给道家“无情无欲”的人性观中注入了适当人性情欲的现实内容，由此，“情”从理性束缚中解脱，形式从道德的附庸中解放出来。在这一时期，以“情”为美的情感美学和以“文”为美的形式美学涌现，诗文美学开始摆脱依附走线独立，形成了任情纵欲的时代风尚。

隋唐至宋金元是中国美学的发展期，这期间形成了与魏晋南北朝美学不同的时代特色。在玄学“逍遥”“适性”思想的推动下，美学逐渐往律己的方向发展，儒家道德美学又重新成为美学主流，且具有人性解放的启蒙价值，为隋唐、宋、元时期的道德理性规范提供了现实依据。

明清时期是中国美学集大成的综合期，许多集大成的美学家、美学论著、美学理论如雨后春笋，为后世美学研究提供了丰富的文献资料，使中国古代美学精神得到进一步的过滤和积淀，主要以道德美学、表现美学、形式美学为三大主流，美学流派众多且美学思想具有高度的多样性。既是中国美学的大繁荣时期，也是中国美学史上的最高峰。

近代是中国美学的借鉴期。西方的各种人文思潮蜂拥而至，冲击着中国传统的学术理论及其思维方式。美学学科亦是如此，人们在继承中国传统美学观念的基础上，引进西方美学的概念，走出原来散存于文学理论和宗教哲学中的依附形态，对现实人生美学和艺术美学加以论述，独立开始新的“美学”探索。

纵观中国美学历史，以儒家和道家两大美学先流为主。很显然，儒家的“道德美”“节制美”和道家的“自然舒适”等思想，无疑会为消费时代下消费设计审美伦理反思提供理论依据，也为环境设计伦理提供现实指导意义。

2. 西方美学发展脉络

西方美学思想深受西方哲学、文艺实践、审美意识和审美实践的影响，在它的发展过程中经历了几个时期的大转变，各时期的研究内容都具有独特的丰富性、复杂性和多样性。古希腊美学是西方美学的源头，它建立在西方古代哲学的基础之上。希腊古典早期的美学有两种倾向，第一种是从“自然”出发的形式和谐美，第二种是从“人”出发的美的功用。鼎盛时期的美学以柏拉图和亚里士多德的思想为主要代表。柏拉图以“理念”思想为基础，在超感性的理念世界中探寻美与艺术的本源，亚里士多德则从审美事实和艺术实践出发，在客观的现实世界中去寻求美和艺术的本源。这两种对立的美学思想贯穿于古希腊罗马美学，也深刻影响着后期西方美学的发展。

西方中世纪时期的美学思想在基督教和经院哲学的影响下，被纳入神学。从神学出发研究美的问题，围绕基督教神学的价值观与形态特征论证“美在上帝”的概念。

文艺复兴时期的美学，在反封建和反神学的社会背景下，摆脱了神学美学的桎梏，关注点重新回归至现实生活与自然美，侧重于文学美学，以文艺为主要对象。文艺理论的提出往往以实践经验为基石，推动西方美学史从古代走向近代。

17 世纪和 18 世纪的近代美学继承和发展了古希腊罗马美学和文艺复兴时期美学传统，提出和回答了一系列新的美学问题，产生了一大批重要的美学家和美学著作，使美学在西方形成哲学范畴中的独立学科。首先，是美学研究的重点转向了对审美意识、审美经验的探索。其次，由于理性主义与经验主义的思想分歧，出现了以笛卡尔、鲍姆嘉通、莱布尼茨、斯宾诺莎、沃尔夫、布瓦洛等为代表的美学思想，从先验的理性观念出发，以美的理性基础为重点，消减情感与想象力的作用。另一派则以培根、卢梭、哈奇生、洛克、霍布斯、爱迪生、舍夫茨别利、伯克、休谟等为代表，从感性经验出发，强调美的感性特点，忽视理性的作用。这两派从不同方面、不同角度对审美经验或美感问题的研究，从内容的广度和研究的深度上都超越了以往任何时期的美学。

17~18 世纪的经验主义和理性主义是近代美学所要面临的主要课题，而后继的德国古典美学逐渐将这种对立和矛盾统一起来。德国古典美学生成于 18 世纪末至 19 世纪初，由康德创建。康德对经验派与理性派片面的思想感到不满，并试图将两者进行统一。他结合经验派的“快感”和理性派的“符合目的性”，提出了美的本质问题，揭示了审美现象中的诸多矛盾点，并分析出了解决的方向。歌德、谢林、席勒、黑格尔沿袭康德的指导方向继续深入问题寻找解决的方法。黑格尔提出“美是理念的感性显现”，从客观唯心主义出发，论述了理性与感性、形式与内容、主体与客体的相互统一，成为德国古典美学对上述矛盾较圆满的最后解决方案。

19 世纪中叶至 20 世纪初，社会的各个领域都发生了重大的变革，西方美学逐步从近代美学向现代美学转型。这一时期美学流派纷繁复杂，其中最能体现转型特征的美学包括三种：第一种是在唯意志主义哲学影响下，朝着反理性主义方向发展的生命哲学的美学，强调非理性的直觉，以叔本华和尼采为代表。第二种是在自然科学和实证主义哲学影响下，朝着经验的、科学的、实证的方向发展的心理学美学，主张用心理学的观点和方法来解释和研究一切审美现象，以费希纳、立普斯、谷普斯为代表。第三种是以艺术的起源和本质特征为研究重点的社会学美学，采用实证研究的方法，以斯宾塞、丹纳、格罗塞等人为代表。美学方法自此开始了“自上而下”转为“自下而上”的经验证实研究。

进入 20 世纪，社会科学技术的进步，加快了文化思想的革新，西方现代哲学、艺术和美学都受到了重大的影响，但在整体上仍沿袭人本主义和科学主义两大思潮展开。受人本主义思潮影响的美学学派有表现主义美学、精神分析学美学、现象学美学、存在主义美学、法兰克福学派的社会批判美学等，受科学主义思潮影响而产生的美学包括自然主义美学、俄国形式主义美学、实用主义美学、语义学美学、分析美学、英美新批评派美学、格式塔心理学美学、结构主义美学等。这些学派大部分受到哲学“语言的转向”的影响，将美学由认识论转向语言哲学。由于现代西方美学流派众多，层出不穷，思想流派间相互交叉的情况时有发生，出现了两大美学思潮相互融合的趋势。直至 20 世纪末的后现代主义美学思潮，以最极端的形式否定传统美学和现代美学，因其繁杂已不能用两大美学思潮进行概括。

从早期西方美学发展至今，不仅美学研究的领域被不断扩大，研究对象、重点和方法也都发生了根本性的转变。面对 21 世纪的各种时代和社会问题，美学作为人类的精神活动之一，以其独有的形式影响着人们的行为和思想观念的发展。在后工业时代背景之下，面对环境设计伦理问题，美作为一种重要的精神指向，有着不可忽视的重要作用。

二、审美的基本特征

审美活动是人类认识世界和把握世界的一种基本活动，从事审美的活动者被称为审美主体，审美主体在对审美客体的感知与体验中能够产生精神的愉悦和美的享受。基于此，人类才能正确地把握人与自然、人与社会之间的关系。而感性把握、无概念的理性把握、超功利的愉悦等都是审美所具有的基本特征，当审美活动中同时涵盖这三种特征时，才是真正的美的享受。

1. 感性把握

人性结构是一个非常完整的系统，其中又具有许多不同功能的部分，人的感性把握是对客观世界的一种心理反应机制，也是人类认识世界的基本途径之一。当审美主体从审美的角度去把握一种形式的事物，进而产生审美体验，则完成了审美主体对这个事物的感性把握。

自然孕育了人类的生命。在人与自然的相处经验中，人类与自然建立了“亲和性”。审美产生于这种“亲和性”的关系之中。在环境设计伦理的审美活动中，人对自然的感性把握不仅能左右我们的审美意识、审美倾向和审美选择，而且无意识地影响着审美感知的性质、方向和深度。

感性把握可以分为两个层次，包括感知把握和情感把握。

感知把握包括对环境、空间、场所的审美感知，属于感知范畴，是一种普遍的、集体层次的感受，也是一种独特的、自我的审美感受。

情感把握介于感性和理性两者之间，是一个美的、善的设计中不可忽视的重要因素。譬如王澍设计的宁波博物馆，建筑整体采用延绵不绝的“群山”形态为设计意象，立面吸收了宁波独具地域特色的“瓦爿墙”元素，通过瓦爿砌筑的传统工艺，在建筑外墙拼绘出具有中国传统特色的抽象图案。以富有地域性生命力的群山意象，使整个建筑给人一种斑驳古朴、凝重深远之感。同时，将现代工艺与传统的民间建筑工艺和元素融合，使用旧城改造回收的废弃历史石料，使宁波博物馆承载历史信息的同时具有浓厚的地域特色和现代感，这与博物馆本身“收集历史、传承历史”的使命也相互吻合。设计师精确地把握了人对场地、地域、历史的情感，将地域特色和传统文化融合，塑造出新的记忆符号，让观者震撼之时又产生一种熟悉感。尽管对于空间、环境、场所中审美感知的情感体验，人与人之间并不相同，但能够通达审美主体内心深处并与之产生情感共鸣的审美对象，必然是一个善的设计。

2. 无概念的理性把握

无概念的理性把握由德国古典哲学家康德所提出，认为美能够不凭借其他概念而令人愉快。在审美活动中，审美主体对审美客体的把握是一种无概念的理性把握，包含了两个层面的含义。

第一层针对审美客体而言，指审美客体不通过自身的本质和内容，而是通过外在的形式唤起审美主体的感知，是审美主体对事物的形式判断，特别是在建筑设计和室内设计中，很大一部分都是依赖于形式美的构成。在电影《布达佩斯大饭店》中，电影内的空间场景不断地映射出这种形式美的构成。大堂的设计通过色彩、灯光、家具、布局等营造出和谐、对称、规律等一系列美的形式，塑造出复古、温暖的电影空间氛围，依靠外在形式直抒直观感受。在日常生活中，我们习惯于通过对外部形式的感知去把握事物，这也是设计中属于无概念审美把握的一种常见方式。

第二层指审美活动以情感为核心，以感知为前导，以理智为深层意蕴，以想象为中介的各种功能相互协调状态下的活动，属于概念活动的范畴，并非理智的存在形式。这种审美活动中的心理形式更趋向于直接判断，是理性在感性形式中的彰显。

3. 超功利的愉悦

审美是一种超物质功利的情感满足后所产生的愉悦感。功利分为物质功利与精神功利，而审美的超功利主要指超物质功利。并不是说审美不含精神功利，只是精神功利在审美中不直接显现，而是隐含在其中。物质功利是人类基于某一事物的工具价值的考虑。康德认为审美不是因事物的物质性与功利性对我们感官的刺激所致的快适，而是由于理性的超越性在感性世界中亦能得其所而引致的情感满足。这种情感满足不与事物的物质性与功利性同人之间的利害关系有任何联系，所以审美是一种非物质功利性的精神上的自由享受。之所以说审美的精神功利是隐含的，是因为它不局限于某一具体方面的精神功利。精神功利主要分为认识功利的“真”和伦理功利的“善”。通过审美可以获得“真”的启迪、“善”的熏陶，但是并不明显也不直接，而是间接、隐晦的。

审美使人感到愉快，但是愉快的来源多种多样，并非审美一种。康德认为愉快分为三种类型，分别是“快适”“善”“美”。“快适的愉快”是生理性的愉悦享受，理性愉快，不属于感官愉快之列。“善的愉快”是伦理愉快，是指为了社会和他人的幸福而行动产生的愉快，强调奉献和利他。快适和善都具有功利性的，只不过前者是肉体上的功利，后者是精神上的功利。快适的愉快和善的愉快都具有功利性，而康德认为“美的愉快”是超功利的，“是唯一无利害关系的和自由的愉快；因为既没有官能方面的利害感，也没有理性方面的利害感来强迫我们去赞许。”①

但是我们在环境设计伦理中的审美把握并非超功利，对于一个设计作品的审美感知，我们不能一味追求形式美的外在体现，从而忽视设计作品的功能性和实用性。这也就回到了所谓功能与形式的老话题上了，其实两者并不冲突，只是在价值的选择、判断上我们要有所取舍。

设计作品的功能也是伦理的一种重要形式，设计作品并非文化艺术作品，只有作品的功能性和实用性得到满足，我们才可以说，它具有伦理与道德性，不然就失去了作品本身的最初意义。而形式则是审美把握的形式之一，有时候当功能与形式相冲突时，我们可以在某种程度上适当地牺牲形式，这并不会影响作品的审美体验和感知，而是对伦理的善意退让与成全。

三、审美精神

自 18 世纪工业革命后，人类快速进入工业化时代，科技的发展使生活日渐丰裕，但社会问题和生态问题不断频发，工业文明社会的弊端逐渐显现。审美作为人类重要的精神价值思想，有着无比重要的作用和地位，在设计中同样也是不可或缺的精神价值指引，我们应该重新审视审美的精神价值，构建一个绿色、健康、理想的生态文明社会的审美精神。

1. 审美精神的内涵

审美精神分为广义和狭义两种。广义主要指一种审美的人生态度和精神价值判断。当人遇到重大危机与痛苦甚至是灭亡时，审美精神作为一种精神支撑，使人们在认识现实中得到正确的引导。狭义指在某一相对狭义的审美领域中具有独特的审美精神，它是人类在进行审美创造和审美体验的活动时所显现出的思想、情感、意识、精神的意识形态的表征。审美精神是人类价值追求的境界，它基于真善美高度的统一促进人类的自我实现，是科学精神和道德精神发展的必然趋势。

---

① 伊曼努尔·康德. 判断力批判：上卷 [M]. 北京：商务印书馆，1964：46.

2. 审美的精神分层

人是自然的也是社会的，因此人具有自然属性、社会属性和独立的精神属性。审美精神作为对人本质力量的肯定，是人与人、人与自然、人与社会关系和谐统一不可忽视的重要因素，因此，审美精神具有人、自然、社会三种层次之分。只有这三者的关系协调发展，才是人类审美精神至真、至善、至美的最高境界。

1）人与人的和谐

人与人的和谐中的“与人”，是自己和他人的身心。人类是组成社会的重要部分，人身处社会之中，主要与社会群体中的他人沟通和交流，由于人与人之间的差异，难免产生不和谐的因素。无论是人、他人、社会还是自然的和谐，最后都不免落到个人内心的和谐价值观念上。所以，人与人的和谐是审美精神中的最高层面，是人内心生命自由的和谐，一种理想的独立人格，也是与他人之间关系最高理想的和谐状态。

在人与人的和谐中又分为三个层面。第一是心理层面，即人类审美精神存在先天的情感基础。第二是道德层面，指的是人与他人之间的精神沟通，是人类审美精神得以存在的社会基础。第三是审美精神的核心概念——超越精神，它是人类追求审美本真的自由状态，也是审美精神中最显著的特征，包括超越功利、超越自我、超越“有限”。这种超越精神以它独特的魅力激发人类的无限创造性之美，以无形的驱动力鞭策人类追求至真、至善、至美的最高理想精神境界。

2）人与自然的和谐

人与自然的和谐属于审美精神的感性和愉悦层面，追求的是人与自然关系的和谐统一。当人来到这个世界，首先是人对外在事物和自身本体的一个认识和感知过程。早期人类在认识自然的过程中，并不认为自然具备美的本质和审美价值，人类功利地以为自然只能为生存需求提供物质原料。可是随着人类社会的不断发展，人的需求和欲望不断膨胀，对自然的掠夺和侵略也随之增长，而自然对人类的报复也悄然降临，生态污染、资源匮乏、环境恶化等问题接踵而至。面对有限的自然资源，我们不能局限于当下，要从长远发展的角度出发，因借自己的智慧合理利用资源，使人与自然和谐共处，充分发挥自己无限的创造力去“尚待人自己去完成”的“另外一半”。

3）人与社会的和谐

人与社会的和谐属于审美精神的情感层面。人类完成自己“另外一半”的过程，不是仅凭个人之力所能实现的，而是需要与社会共同协作。因此，人与社会之间的这种关系需要人类之间相互友爱的情感基础。这种情感基础是人能否在社会实践中树立审美精神的关键，受人与社会的道德精神的培养和熏陶，这种道德超越了功利，是一种建立在社会中所遵循的法律、道德规范基础之上的自由境界，而人与社会互爱的情感有利于这种自由状态的形成。

3. 审美的精神指向

审美观念是人类在社会实践过程中逐步形成的一种带有差异性的价值取向。人们通常以审美观念为指导审视和认识世界，所以审美观念对人类具有重要的精神指向作用。不但能提升个人的综合素质和生活品位，还能弥合人与社会、人与自然之间的关系和矛盾，使现实与理想审美化。在工业文明社会的快速发展和人类中心主义思想观念的引导下，人类不顾环境整体的利益而心生过多的欲求，进而使生态环境受到了前所未有的冲击。在这个充满矛盾、冲突、对抗、挑战和困惑的时代，正确的审美精神指向成了协调人类发展与环境保护之间的缓冲。

1）协调人与社会的矛盾和冲突

中国近三十年的快速发展，取得了卓越成就的同时，也不可避免地带来了一些社会矛盾。随着“全球化”“现代化”“城市化”的到来，城乡差异、贫富差距、人口增长等都是现代社会的城市病。单纯通过政治和经济层面调整和改革远远不够，利用审美精神调和人与社会之间的关系刻不容缓。

首先，审美精神虽不是立竿见影的调节手段，但能通过观念作用于人的思想、意识以及价值判断，使主体的素质和品格得到升华，使之正确地看待环境问题。其次，审美调节能够还原人与社会原有的审美关系，从而缓解矛盾，消弭冲突，以达到和谐的理想关系。最后，审美精神能够使现实生活中的性质、价值、意义实现生活审美化、审美生活化的审美转化，揭示幸福生活的真正内涵，使生活真正成为审美生活。通过审美精神调节人类社会的问题和冲突是人与社会和谐关系的一种重要手段和途径，能够在完善和提升个人品格和精神气质的同时，使社会在自我教育、自我调节、自我完善中不断地发展。

2）协调人与自然的对立关系

在文明发展的过程中，人类长期以来与自然的对立、冲突导致了一些不可避免的弊端和恶果。在现代社会盲目追求生产力和科学技术发展的过程中，以牺牲生态环境为代价换取经济利益，致使资源匮乏、生态破坏、自然灾害和人类疾病频频暴发，人类正面临着前所未有的生存危机。当然，并非倡导人类为避免生态环境的破坏而回归原始生活状态，也不是要求社会停止前进的步伐而安于现状，而是正确处理人与自然的关系，以可持续发展和互惠互利为原则，以维持生态平衡为底线，适度地展开人类活动。在人类与自然的关系中，审美能够以它独特的精神气质美化和协调两者之间的对立关系，使之趋向理想的和谐状态。其中，人类所秉持的可持续发展观、和谐发展观、生态发展观、科学发展观中都无不透露着审美的灿烂光辉。因此，审美精神是协调人与自然矛盾关系的主要保证，也是人类生存发展的精神支柱和基础。

3）人类精神家园的建构

在现实生活中，人类除了物质需求之外还需要极大的精神支柱。但是随着社会的不断发展和人类物质生活水平的不断提高，人们重利轻义的思想慢慢滋生，从而出现了道德沦丧、信仰危机、精神空虚、价值偏差等问题。所以，构建人类精神家园刻不容缓，人类精神的需求也必然会成为人类的根本需求和终极追求。人与自我的矛盾关系不单是个人的精神世界的问题，也是人与人、人与社会、人与自然矛盾、冲突关系的折射。审美精神能够通过调解人类的物质性与精神性、感性与理想、个体性与集体性、自然性与社会性等对立的关系，使人与人、人与社会、人与自然之间达到一个和谐的状态，它不仅对建构人类的精神世界有重要作用，对人类社会的物质世界与精神世界之间关系的协调也有着重要的建设作用。

第二节　人与自然的和谐共生——环境生态美

一、生态意识影响下的环境设计伦理

1. 生态与环境设计

生态一词在传统汉语中早就有了，只是当时的概念与我们今日所理解的生态学中“生态”的含义并非完全一致，主要是对生活中美好状态与情境的一种描述，并没有涉及生物层面。直到现代，在《现代汉语辞海》中定义为“生物在一定的自然环境下生存和发展的状态。”[①] 西方的“生态”（Eco）一词源于古希腊，最初意为“房子”或“栖息地”，指“生境或环境在一定意义上影响生

① 现代汉语辞海编委会. 现代汉语辞海 [M]. 北京：光明日报出版社，2003：1031.

物的生活方式或者发展过程”[①]，是一切生命存在物、生存状态与环境之间复杂的关系。

从本质上来说，生态研究是研究各物体之间复杂的关系问题。18~19 世纪，T.R. 马尔萨斯的《人口论》以及达尔文在《物种起源》中提出的“进化论”，为生态学的兴起和发展提供了重要的宏观基础。20 世纪 60 年代，随着各种环境危机的频繁出现，自然资源的无序“大开发”，地球早已经满目疮痍。人类的生态意识被逐渐唤醒，纷纷将目光投向了生态学的领域，渴求在此找到一丝新的曙光和希望，解开人类当前的困境。人类开始关注生物与生态环境之间的关联性，并促进了设计的相关学科发展。

环境是围绕相对于某一主体的外在物质条件的综合体，它是人类赖以生存的客观物质存在。但是由于人类认识世界的角度不同，对于环境所下的定义也是不同的。根据人类对环境的物质活动程度来划分，大致可将环境划分为人文社会环境、次生人造环境和原始自然环境三类。

人文社会环境是伴随人类文明不断发展的必然产物。人类在与周边群体交流、生活、进行社会活动的过程中，逐渐形成各自的活动范围和社会交往关系，形成了地域性的、各自迥异的民族文化、宗教信仰、价值观念和生活习惯。次生人造环境也可以称为“第二自然”，是介入了原生自然环境中产生人类活动从而被动改造的物质环境。它与自然环境的主要区别在于人工环境是人类文化意识的实体显现，是人类活动的产物，人造自然物才是人工自然的主体，也是环境设计伦理作用的主体。原始自然环境就是通常意义上我们所讲的未经人工改造、非人为的大自然，它包括了一切生命存在的必要条件，涵盖了人类生存所必需的自然条件和自然资源的总和。

当下经济的飞速增长变成了一场拼环境和资源的竞赛，这种高消耗、高成本地破坏环境从而获取高速经济增长的做法，不仅带来资源的浪费和效率的低下，环境的破坏也成为我们生存发展的绊脚石，是构建生态文明社会亟须解决的难题。

2. 人类中心主义的思想批判

1）人类中心主义的由来

人类文化发展自古以来就带有浓厚的人类中心主义倾向，它伴随人类文明的发展实践，逐步构建了整个现代文明。人类中心主义随着时代的嬗变，其思想的主旨也各不相同，有着悠久的历史渊源。

---

① 王同亿 . 英汉辞海 [M]. 北京：国防工业出版社，1987：641.

中国文化源远流长，纵观中国古代哲学思想史，人类中心主义的思想倾向可以追溯到“阴阳五行学说”。其根源于商代的“五方说”，将人居于“五方”之中。后又出现“五材”说，其强调“天生五材，民并用之”。荀子曾言“人力不如马，而牛马为用，善假于物也”，他主张人优越于其他万物的“有用为人”思想，具有浓厚的人类中心主义倾向。

在西方，古希腊智者普罗泰戈拉最早提出“人是万物的尺度”，以人作为一切客观存在物的衡量标准，是人类中心主义最早的思想观念。在这一思想上，古代哲学家苏格拉底也主张通过人的理性思维力量寻找事物的本质，以人的思维和理性作为万物的尺度。而柏拉图的“理念论”在以人为中心的思想理论程度上，显得更加直白，指出整个世界都是以人的“理念”来建构的，把“理念”作为最高价值的体现。亚里士多德的宇宙论是“地球中心说”。他说：“植物的存在是为了给动物提供食物”[①]，将人类排在首位，认为自然没有生命含义，如动物、植物的存在是为了人的存在而存在，只是人的工具，人可以不对它们负有任何道德义务。

文艺复兴后，上帝权威的光芒渐渐淡去，人类开始自觉地寻找生命本体的自由与张扬，破除了压制在人性之上神秘的宗教与自然力量。在此情况下，人类渴望寻找自身生存发展的理论支点，笛卡尔把人定义为一个理性的存在物这一观点，在当时为人类带来了一线曙光。他认为动植物不会说话，其作为纯粹的物质，仅仅具有广延、体量、重量、形状等物质属性。后来，康德又进一步地深化了这一思想理论。他认为人是唯一的理性存在物，所追求的都是构建理智世界这个共同目标，人类对理性存在物之外的任何事物所展开的行为都不会直接影响理智世界。由此可见，人类主宰自然定将成为必然的发展趋势。

2）人类中心主义的演变

迄今为止，人类中心主义的真正内涵还没有一个确切的、完整的界定。人类中心主义最初的历史形态是“以人为宇宙的中心”的宇宙人类中心主义。后来，哥白尼“太阳中心说”的出现彻底打破了这种思想，认为人类中心主义思想已经没有了合理的理论基础支撑。自此，宇宙人类中心主义也随之被否定和扬弃。

人类中心主义的第二个历史形态是中世纪神学和宇宙人类中心主义相结合的神学人类中心主义。在宗教文化中，以人为中心的基督教世界观最为显著。

---

① 亚里士多德．政治学[M]．吴寿彭，译．北京：商务印书馆，1965：23.

根据创世纪的观点，上帝创造了世界万物，但是只有人才具有灵魂，人是大自然的主人，人的存在也高于其他任何生命形式。因此，人类在上帝的所有造物中享有绝对的特权，由上帝授意，可随意支配和控制自然。但是随着科学技术的发展进步，以及哥白尼革命和达尔文进化论思想的冲击，人类已经无法再将人类中心主义作为人类自身生存地位的理论支点。

直至现代，人类中心主义逐渐分衍出强式和弱式两种观点。以康德为代表的强势人类中心主义认为，以人的感性意识或偏好作为出发点，其他存在客体的价值取决于满足人类工具价值的需要。以诺顿为代表的弱势人类中心主义则认为人不应以感性偏好作为价值参照，要从人的理性偏好出发，使客体不仅满足人的需要价值，并将此建立在理性意愿的基础上，为人类需要价值的建构提供基础和依据。他认为强式人类中心主义是极不合理的，它只关心人的偏好是否得到满足，而不问人类感性偏好的合理性，一味地纵容和姑息人类将自然与一切客观存在物作为满足自己偏好的工具。

总的来说，人类中心主义一切以人类的利益作为物质实践的出发点，其他事物的价值衡量都以人的价值尺度作为评判的标准，将人类对自然的责任与义务视作人类的间接任务。而现代的人类中心主义虽然在对待自然时加以保护，但其实质上也是为了人类自身的长远目的考虑，是对人类的一种间接责任、义务的体现。

3）人类中心主义的批判

20 世纪 70 年代以后，伴随着现代城市化、工业化的步伐，全球生态危机形势日益严峻，越来越多人开始质疑人类中心主义思想的合理性与可行性。生态哲学主要探讨人与自然的伦理问题，促使人类中心主义与非人类中心主义在观念上产生分化。

非人类中心主义认为人类中心主义具有虚假性和危险性，狂妄地将人类置于万物之上，彰显自身的重要性，没有公正、平等地看待自然；并将资源枯竭、环境污染、生态系统的退化等一系列问题归结为人类中心主义观点影响所致。

面对接踵而来的社会思潮和舆论压力，人类中心主义环境伦理家与弱式人类中心主义开始作出一系列相应的妥协。他们将以人为中心的伦理观念向外延伸，将非人类的客体存在物纳入人类的伦理道德考虑范围内，以表示对整个自然道德地位的肯定。尝试不断弱化人类的主体作用，试图向客观向度靠拢，将人的价值转化为客观的平等存在。人对自然的主宰意志以及人的自身价值实现的思想观念慢慢转为人类不能离开自然而存在，开始有勇气地走出“人是万物的尺度”的桎梏。

3.“以人为本”转向“人与自然和谐”

从人类中心主义思想理论的发展演变来看，随着人类对自身生存发展的不断思考，探究人类于世界之中所处的地位，从“以人为本”逐渐发展变化为“人与自然和谐”的思想观点。

西方早期的美学探索一直深受人本主义观念的影响，认为美的事物就是从其自身的工具价值获取人类能够愉悦感受的东西。学者周浩明在《可持续室内环境设计理论》中指出，自笛卡尔的主客二分法提出以来，一种“以人为本”的生存逻辑造就了西方的工业文明，以人为中心尺度的思想纵容消费文化的泛滥。[①] 时至今日，人类的生活早已和周边环境紧紧联系在一起，我们无论何时都置身于环境之中，深受环境的左右和影响，也是构成环境、自然中的一个组成部分。以前对于环境设计，主要是为了满足人们的使用和功能需求，随着人类审美文化的提高，人们开始对事物的美丑有了自己的主观判断，审美也成为设计的一个重要考虑内容。随着社会的发展，经济水平、生活水平、物质水平的快速增长，对环境设计的需求已不再单纯。消费心理、攀比心理、欲求心理早已占据我们的内心，为了满足人们各种无理的欲求，生态问题频频突发，已经使地球不堪重负。不单单是环境设计行业，整个人类活动都在面对日益严重的生态问题，人类最大的敌人不是别人，就是我们自己。人类如果一直缺少一种正确的伦理价值的引导，打破人类无休止、无计划的侵略性掠夺习惯也会成为空谈。

因此，走出“以人为本”的狭隘视角，转向“人与自然和谐”的生态伦理观念，成为当代环境设计伦理必将面临的最大挑战，也成为历史发展的一个必然趋势。“人与自然和谐”是一种符合生态美学的生态环境观，打破了人类中心主义千百年来的枷锁，促进了人与自然的高度和谐。人与自然之间不再是敌我两方，人的感性与理性需求也不再是我们设计所考虑的唯一标准。在环境设计过程中，我们应该注重自然资源的合理利用、重视生态物种的多样性、保持生态系统的循环，从全局上考虑整体环境关系，使设计对环境的破坏达到最小。环境设计应该站在生态文明的视角下，重视人与自然相互影响、相互依存的和谐关系，其被冠上“环境”二字，也就意味着设计必然与环境发生某种关联，并且接受环境的考验。

当今社会，环境设计伦理已经渗透、深入人们的日常生活以及生存环境的各个领域，从城市规划、建筑设计、室内设计，到人文环境、社会环境、自然

---

① 周浩明. 可持续室内环境设计理论 [M]. 北京：中国建筑工业出版社，2011：238.

环境，以及人类在环境中的行为、习惯、文化都深受审美和伦理的影响和规约。这些生存环境的各个领域都离不开人工、自然和社会环境的范畴，环境设计伦理在生态审美意识的基础上成为人与人、社会、自然之间和谐关系的纽带和价值旨趣。

二、审美与生态

1. 自然美与伦理善

自然美与伦理善的亲缘关系相对比较隐晦，并没有直接的关联。人类与自然之间的审美关系，建立在自然环境为人类生存发展提供的物质基础之上，主要源于自然对人类所具有的物质功利价值，从而产生美的价值。由于远古人类缺乏自觉的伦理意识与审美意识，所以只能从感情上对自然进行好恶的判断，在自然物中，凡是能为人类提供物质条件的就是美的，反之，给人类带来灾难的就是丑的。所以，早期自然美与人的关联建立在物质功利性的基础之上。物质功利就是美，但不是当代意义上伦理善的全部。

自审美意识与伦理意识从人类的混沌意识中独立并发展起来后，自然美与伦理善才建立起来。审美活动与伦理活动从本质上来说都是人类自身的一种自我生存、自我实现、自由创造以达到某种功利目的的手段。随着时间的推移，人们就与这种能体现人本质力量的事物建立起一种超功利的感性关系，也就是审美关系。

自然为什么美？车尔尼雪夫斯基指出“构成自然界的美是使我们想起人来的东西，自然界的美的事物，只有作为人的一种暗示才具有美的意义。”[①] 美是自然实物作为人类生活内容的形式表现，并且通过欣赏自然的方式实现对人自身生活的观照。所以，从现象上看，人与自然的关系是人与物的关系，但本质上看，是人与人、人与社会的关系。自然美成了社会美的映照。自此，自然美与伦理善之间就建立起了联系。

中国古代哲人多喜欢咏物诗。他们乐此不疲地将人的某种高尚品质、道德观念寄托到自然风物中与人类伦理活动相类似的方面，我们通常称为“比喻”“象征”，古人或称之为“比德”。通过“比德”将自然美社会化，体现了其自然属性与人格的伦理相似性，也对审美关系赋予了一种伦理善的含义。

---

① 北京大学哲学系美学教研室 . 西方美学家论美和美感 [M]. 北京：商务印书馆，1980：244.

2. 审美中的生态观念指向

审美观是审美对象给审美主体所带来的愉悦情感，是审美主体对美的事物的一种自发的看法或认识，是对创造美过程中审美主体的感知、态度、理想的统称，是审美主体的价值取向的重要反映。审美观是人类在实践过程中逐步建立的，并通常以此视角审视世界，建立自己的世界观和价值观。由于人的社会性，审美观也必然受到时代、社会、政治、历史、地域、阶级、伦理的影响而出现极大的差异。

在原始社会，由于认知水平的不足，自然在人类眼中充满了不可预知的神秘色彩，人类崇拜自然、赞美自然。不管是原始人祭祀的诸神，还是先民图腾文化中的图腾，大多是自然界中的动物、植物和自然现象。人类信奉自然，尊重自然，并与自然紧密联系着。伴随原始的生产劳作，人类模仿自然界的动物和植物的形态对劳动中的生产工具进行加工和设计，文字的产生也始于模仿自然界事物的形态。在原始社会中，人类早期的审美活动和审美创造都是以自然为范畴而展开的，由此形成了最原始的以自然为美的审美意识。

农耕文明中，东西方审美观念开始出现分歧。在早期西方审美体系中，毕达哥拉斯、亚里士多德等先哲们都试图建立一种标准和范式来诠释美。在这种标准审美观念下，对于无序的自然，便沦为美的对立面而被西方审美文化所忽视。文艺复兴时期，随着“人本思想”的提出，人与自然的关系就此破裂，并形成了机械论的自然观。直到人类中心主义思想的确立，人与自然终于走向了敌对，自然沦为人类征服、掠夺的对象。纵观西方园林史不难发现，人将自己的个人意志强加于审美对象之中，环境布局、建筑、雕塑、水景等，都是围绕人的尺度去展开的。其中，以法国安德烈·勒诺特尔主持兴建的凡尔赛宫最为显著。宫苑规模宏大，设有 3 千米的中轴线，以显示至高无上的君王权威。十字大运河在宫苑的中轴线上穿流而过，宫苑外围还遍布大面积的人工林、人工水景和广场等，还有花坛、雕塑、泉池等大量装饰物，都彰显出“以人为首要尺度”的环境设计观念。

然而，中国尊重自然、寄情自然的审美态度与西方的敌对自然的态度是截然相反的，从中国传统文化中大量对自然美的文字记载中就可以明显看出。如孔子提出的“知者乐水，仁者乐山”，老子推崇的“道法自然”，以及陶渊明“悠然见南山”的隐士情怀，都体现出中国古人寄情于自然的审美情怀。中国文人口中的自然之美代表的不仅仅是表面优美的自然风光，它已经超脱了表象的层面，成为人们对精神层面更高追求的一种映射。

中国园林建造推崇以自然形态回归自然，秉承着在审美体验的过程中对自然尊重的最大化。园林的选址以“因山就水”为指导，主张合理利用环境的原始地貌展开设计。园林内部的景致注意收纳和摄取园外的自然风光，强调园林本身与外部自然环境的完美契合。园中高低参差的亭馆楼榭、曲径通幽的小路、假山池沼、花草树木等，体现出中国园林设计与自然和谐相处的审美追求与审美态度。相比原始社会以自然为美的审美观念，农业文明阶段的中国生态审美观念又更为进步。

18~19 世纪，随着科学技术的突飞猛进与产业的不断革新，人类社会步入工业文明时代。工业革命彻底地改变了人对自然的态度，人类逐步走向征服自然之路。在工业文明时代的审美观念中，不认为自然具有审美属性，认为人拥有至高无上的地位，凌驾于自然之上，成为世界的主宰，在整个审美文化发展过程中完全忽视人与自然关系的考量，为了不断满足人类的私欲，对自然的破坏与日俱增。

生态文明社会是一种基于生态观念发展的新型文明社会形态。过去工业文明时代已经将自然推向毁灭的边缘，人类文明的发展也陷入了瓶颈。由于对环境的污染、生态系统的破坏，人类开始对工业文明时代的社会发展模式和人对自然的价值观念开始反思，试图建立一种崭新的生态文明审美观念。人与自然的关系仅从欣赏与审美的角度去考虑是不够的。在对自然的审美活动中，人们舍弃了古典美学中形而上的“美的本质”的追求，转而向人对自然的审美经验和艺术设计领域中拓展，重新重视人与自然的关系，对自然美的感知不再纠缠于自然美的本质问题上，而是延伸到了生态环境设计的范畴。

生态文明社会中需要一种崭新的、带有生态指向的审美观念。新的现代生态审美观念已经与人类日常生活息息相关，并成为大众生活所不可或缺的重要部分。它不再局限于仅为哲学家才能欣赏的稀缺的美，也不再试图以一种固定的标准衡量自然的审美价值。环境设计不仅是营造事物表面的形态特征，也强调心灵层面上与自然环境沟通、交流的过程。正如英国学者伯纳德·鲍桑葵所说：“一位真正伟大的艺术家会细心而愉快地对每一英寸经过风吹雨淋的地面都留恋不舍，并使它成为创作的最重要的、会说话的、令人愉快的一部分。”① 环境设计伦理正是基于生态审美观的视角，重新审视人与自然系统的互惠互利，以伦理的视角重新审判人类对自然的索取行为，推动人与自然的和谐发展。

---

① 伯纳德·鲍桑葵 . 美学史 [M]. 张今，译 . 桂林：广西师范大学出版社，2009.

3. 生态审美观念与原则

1）生态审美观

生态审美观是以生态环境中的生命系统之间的和谐关系作为基本价值取向和根本出发点的一种新的审美观，体现了人与生态环境相互依存的关系。在生命系统中，任何子系统或单个存在物都不可能与环境割裂并独立存在，生态审美观念是对整个生态环境的全局把握，以整个生态环境为前提，重新诠释人类对生态系统的理解。

在生态观念的指导下，人类在对生态环境进行审美体验时，首先应该从人类中心主义的枷锁中自我解放出来。人与自然相互依存、相互关联，是自然的一部分，所以人类在感知生态环境审美的过程中，应该摒弃主客二分的对立化观念，将人纳入到整个生态环境系统之中。在生态审美体验中，面对一个丰富的、多层次的整体感知系统，我们应该采取一种生态的审美途径，将整个人类系统与自然生态系统作为一个整体进行感知，以达到生态和谐的完美状态。整个生态系统是一个动态的、循环的系统，其中任何一个个体或片段遭到破坏，都会对整个生态系统产生不可估量的影响。因此，持着这一生态理念在对环境进行审美体验时，不能局限于某个局部或个人，要从整体观念上把控，从更为宽广的视角出发，感知整个生态系统的关联性。生态系统内部的各个子系统都相互联系地处于各自的运行状态之中，整个生态系统才会良性循环与保持平衡。自工业革命以来，在人类中心主义思想的驱使下，人类过度地开发、掠夺自然，导致自然资源的匮乏、自然环境的污染、生态平衡的破坏、生物物种的消失等，致使当下整个生态系统的失调。

人类生存需求的环境与其他生物物种不同，除了自然环境，还包括社会环境与文化环境。所以，人类的生态环境系统也不应该只片面地考虑自然生态，而应该是自然生态、社会生态和文化生态的统一范畴。在感知生态美的过程中，除了整个生态系统和各系统之间的关联性，同时还应该考虑人的生态过程。只有这样，才能从人类的生态视角出发感知真正意义上的生态的美，实现人与审美对象的统一，达到“天人合一”的境界，也是人与自然内在和谐与外在和谐的统一。

生态审美观念正是人类自身的价值体现和对自然环境价值的尊重，将人的生态过程和环境作为审美对象而产生的生态效应的全方面把握。在生态审美过程中，除了领略自然风光之外，更加注重对人与生态环境的和谐关系和生命存在意义的深层感悟。

2）生态审美观念的原则

（1）生态系统的整体统一

人与自然同为一个整体，与自然相互依存，脱离了自然人类也将走向灭亡。当我们从工业文明走向生态文明，我们的“以人为尺度”转向以整个生态系统平衡为尺度，审美观念也就随之改变。生态审美观念认为的生态美，是不应该从人类功利的角度出发获得人对自然的审美体验，而应是从生命与环境有机体系统的整体性原则出发，以生态整体为尺度，建立人与自然的秩序与和谐。

中国传统文化观念中对人与自然关系的思考从未停止过。儒家孔子提出的“天人合一”思想、山水画中“物我一体”的境界、文人园林的“源于自然，高于自然”等，无不体现人们渴望与自然建立一种和谐状态的情感表达。中国人认为人与自然是一个相互依存、相互联系的整体，人不能凌驾于自然之上，不以自己的个人意志强加于自然，应以一种谦卑的姿态面对自然。人与自然都是宇宙万物、天地所生、同为本源，有着高度的统一性和整体性，而人们尊重自然、保护自然也是人类权益的一种自我保护和自我维持。

生态学的兴起和发展，使人类开始关注整个生态系统，包括从动物、植物到微生物的所有物种，为生态审美观念提供了重要的理论基础。在对待自然关系的思考上，改变了以往人与自然敌对的状态，走向了生态整体主义的伦理高度。

以生态审美的整体观作为原则，还需要扩大审美对象的范畴、审美体验的视角和生态美学的研究范围。审美对象从个体或片段扩大到整个生态系统；审美体验需要从更为宽广的视角出发，感知整个生态系统和系统之间的关联性；生态美学的研究范围延伸至整个生命存在物，以及各系统或存在物之间的联系。

从整体性思维和体验出发，跳出局部视角的藩篱，也是环境设计审美所必需的。一味地无视人与自然的整体关系，破坏生态系统，打破生态平衡，最后人类也将无法独善其身。这个世界上所有的生命有机体都值得我们保护和维护，整个生态系统都值得我们敬畏和尊重，我们自身也是自然的一部分，对自然我们有着义不容辞的责任和义务。面对自然给予我们的馈赠，我们应时刻以生态整体主义提醒、规约自己，以人与自然和谐共存作为环境设计的价值尺度，合理地善加利用。

（2）人与自然的水乳交融

生态审美观的交融性原则是建立在整体性原则之上的。首先我们必须承认人与自然是一个统一的整体。人类是自然的一部分，也是自然界中的动物之一，但又高于其他动物，是社会的动物。因为人类特殊的社会属性，人类绝大部分时间都是在与人交往沟通，但是在动物本性的驱使下，又不满足于社会生活，渴望与自然的接触与庇护。正因如此，自然环境给人类独特的美的享受和愉悦快适的情感是社会环境所不能比拟的。人类渴望融入自然，感受自然的美和愉悦，也是人类本性所致。

柏林特把生态美学称为“交融美学”，强调在生态审美体验过程中，人与自然相互交融的重要性。不是站在高处远望，而应该置身其中忘掉自我，与自然融为一体。将审美主体融入到环境现实中，用心聆听自然的呢喃软语。

美国生态散文家巴勒斯认为，交融性生态审美是彻底放开人类的所有感官，吸收、感悟我们所享受的自然美。自然是万物的共同体，蕴含着无数的智慧，净化着我们的心灵，以丰富的物质给予人类无数馈赠与恩赐。人与自然的和解与融合，是环境设计审美伦理的理想境界，也是生态文明社会发展的必要条件。

（3）可持续和谐发展观

面对日益严峻的生态危机，我们还要清醒地认识到自然面对人类毫无节制的掠夺、破坏的承受能力是有限的。基于此，人类想要实现生态文明的发展和生态系统的良性循环，必须寻找一种适度的生态审美观念以对人类的行为加以约束。

儒家思想中的“中”与“和”，是中庸思想的体现，表达了一种适度、均衡的价值判断。《庄子》的“不靡于万物，不晖于数度”[①]，指出我们不应该为了满足当下的欲求，牺牲子孙后代的幸福，对自然的索取应保持适度，要“取之有度，用之以节”，以保障人类长远的发展。在《增长的极限》一书中，将“可持续发展”称为人类史上的第三次变革，认为可持续发展是人类代际之间和谐关系与整个生态环境平衡的重要革命。可持续发展观念的核心是，人类在满足当下需求的同时，有效地控制和避免过度消耗与资源浪费。不能因为现在的过分需求对子孙后代构成毁灭性的危害。应充分考虑人类未来的发展条件，坚持适度的、可持续的良性循环，以维护生态环境的和谐发展。

可持续和谐发展观并不是要求人类放弃发展或是克制自己基本的需求，而是希望将人类发展与生态平衡调整到一个最适合的状态，在进行人类活动的同时将对自然的影响减到最低，实现人与环境共生的最佳状态。“生存还是毁灭”，莎士比亚曾经将人类现实困境的选择摆在了面前。面对无节制的消费，等到地球无法承受之时就是人类与地球共同毁灭之日。

---

① 《天下篇》《庄子》卷十，“四部丛刊”本，二十六至二十八页。

（4）动态的时空整体观

在人类早期，将形式作为美的衡量标准，直接导致了审美的“视听化”倾向。折中主义代表人物马库斯·西塞罗提出“视听感知”概念，认为通过视听感知可认知艺术美。柏拉图提到“只有眼睛和耳朵的知觉才可以引起快感。”[①]这表明视觉是人类感知外界事物最直接的感知方式，因此美的感知往往停留在视觉的层面上。

“视听感知”的审美体验将人与自然之间的关系对立化，使环境成为被人观赏的对象。然而，人与自然是相互依存的统一整体，人在欣赏自然环境之时，不能仅从事物的表现形态特征出发，只用视听感官欣赏。人类时刻身处于多维空间之中，对事物的感知应该将自己置身于非线性序列的时空变化环境中，调动一切感官以全身心参与审美体验，体悟环境的万物生态之美以及人与自然的和谐之美。

中国古代对山水诗画的领悟正是一种超脱视听的感知过程。古人认为对自然进行审美体验的最高境界是“悟玄”，以一个“玄心”感悟自然的美。通过“玄心”从心灵层面去感受自然之道，透过诗画领悟人与自然你中有我、我中有你的和谐之美。古人在对中国古典园林进行审美时，提出“借景”“对景”等审美体验方式，提倡人将自己置于时间、空间流动上进行动态审美。在不同时间、不同空间、不同心境下随着“步移景异”，充分感受园林环境所呈现的丰富的空间层次变化。

世间万物的动与静不断交织，偏于一隅只能领略有限的美。在环境设计的审美体验中，以往传统的视听感知已经远远不能满足人们对环境进行体验的要求，我们应借助动态的环境设计时空整体观去感受自然之美、环境之美、生命之美。

三、生态美学

生态美学以生态学与美学为基础，经过历代美学思想的积淀与发展，结合当代审美需要、审美体验和审美理想，演变成具有时代性的美学学科，在很大程度上改变和影响了环境设计的发展方向。

与审美精神一样，生态美学具有狭义与广义两种界定。狭义着眼于人与生态环境之间的审美关系；而广义则关注人与人、社会、自然的生态环境，以改善人类环境中非伦理状态为根本落脚点，探索人与环境的和谐关系，是引导人

---

① 伯纳德·鲍桑葵．美学史 [M]. 张今，译．桂林：广西师范大学出版社，2009：45.

类构建美好家园的一种具有新时代人文精神的生命美学观念。

1. 生态美学的后现代背景

在 20 世纪 80 年代后期，随着生态学科的发展建立，并逐步渗透到其他的学科领域，加之现代环境问题的日益加剧，人们开始反思人与环境关系的重要性。生态美学最初以生态批评的文学形式悄然兴起，正当生态批评愈演愈烈之时，生态美学作为一种新时代的显学得以迅猛发展。

“后现代”作为对“现代”的一种反思，强调人性关怀、人性解放与多元化发展，这些都是对人类生存状态的一种反思。后现代社会的经济与文化背景，为生态美学提供了发展的肥沃土壤。随着“现代”工业革命和人类中心主义思想的滥觞，人类对自然的所作所为甚至威胁到了人类自身的生存。“后现代”正是基于人类的生存状态考虑，希望改善人与生态环境之间的关系，扭转人类走向自我毁灭的趋势。生态美学由此而生，并指导和影响整个人类生态文明的发展，在环境设计伦理中也有着极其重要的地位和作用。基于“后现代”这个特殊的历史背景，只有深刻分析其背后的社会环境，才有助于我们更好地理解生态美学的必要性。

1）现代化的弊端反噬于人类自身

现代化的弊端对人类的生存产生了巨大威胁，迫切需要新的美学思想指导人类走出这场困境。

从 18 世纪开始，随着科学技术的快速发展，人类快步进入现代化。现代化的到来使人们取得了巨大的成就。物质基础的富足、经济的繁荣、科学技术的进步等，标志着人类进入了一个新的文明时代。可是，伴随着现代化而来的种种弊端也开始慢慢暴露出来，为盲目追求经济效益、市场经济和工业化的固有缺陷，加上两次大规模的世界大战，核武器的制造与使用，使人类陷入前所未有的生存危机。20 世纪 70 年代以来，生态危机频频爆发，人类赖以生存的水、石油、土地资源严重紧缺，大量的生物物种、绿色植被锐减，人口快速增长、人口老龄化等社会问题，无一不是在对人类的频频示警。在人类未来的十字路口上，我们面临着生与死的抉择。全球现代化是一把双刃剑，在推动人类文明进入新篇章的同时，难以回避的是过度发展致使生态环境的持续恶化。我们应该重新审视现代化的利弊，面对现代化的弊端应采取一些可行的积极措施，努力改善人类的生存境况。在这一情况下，人类渴望一个新的伦理与美学观念指导人类走出这场困境，生态美学由此顺时而生。

2）后现代主义的经济文化为生态美学的发展提供了肥沃的土壤

现代化发展到后期，美国的大卫·格里芬、大卫·伯姆等极力倡导后现代社会的建设。在对现代性进行批判的同时，取其精华，去其糟粕，希望超越现代化，并且通过后现代主义对现代性的弊端和不足进行修正和引导，为后现代社会创造一个新的经济与文化形态。后现代社会应超越现代工业时代以科技理性主导的经济形态，建立一种新的以信息产业为标志，以集成为特色的后现代经济形态；文化上则是从科技理性主导走向和谐共生的生态精神。后现代生态主义的确立，为生态美学的发展提供了必要条件，也为生态美学的产生提供了肥沃的土壤。

3）生态美学产生于对人类中心主义观念的伦理反思

早在西方审美系统中，就出现了人类中心主义思想的倾向，人们抱着这一观点，无视人类与自然的关系，无节制地掠夺自然，认为自然对人类只有工具价值，而人类高于自然，对自然不负有伦理道德义务。这使得人类长期与自然建立了一种敌对关系。这种“以人为本”的环境设计观念，给人类生存带来巨大的威胁。生态美学就是在质疑人类中心主义思想的生态批判下产生的，迫使人们重新审视人与自然之间的深层伦理关系。

这一时期出现了大量的学者，在生态伦理方面作出了巨大的贡献。如雷切尔·卡森描写了由于现代工业化给生态环境所带来的巨大灾难，从侧面激发人类对自然的热爱，希望在人与自然之间建立起一种道德的义务和责任。生态美学概括了人类追求真、善、美的最高理想，为环境设计伦理的发展奠定了审美维度的价值取向。

2. 生态美是伦理的美、崇高的美

生态美是基于整个生态系统和系统内各子系统之间和谐关系基础上所展现出来的崇高美。在生态系统中，通过各物种与生态环境之间的互惠互生、互相协调的和谐状态，由内而外焕发出美的特质。生态美是人与自然的和谐状态，是伦理之善，也是伦理所焕发出来的美。伦理学上对善的最高评价称之为“崇高”，所以我们也可以说生态美是伦理的美，也是崇高的美。自然美和人工美都属于生态美的范畴，而本书所讲的生态美是这两种形式的和谐美。

1）生态美的特征

生态美并不是单纯意义上所呈现的一种感官上给人的愉悦的情感，而是整个生态系统中各子系统生命存在物与环境之间关系所体现的一种内在美。这种美体现在以下几个方面：

（1）生生不息的生命之美

自然总是春意盎然、生机无限的，生态美正是基于这些活性物种所散发的生命活力。在整个生态系统中，绿色植被吸收阳光作为自己的养分，养育了动

物种群。当动植物逐渐归于尘土，成为滋养大地的有机物，又能为其他生命提供生存的基础。这种美是以生命过程来延续和维持一个充满生生不息生态系统的活力之美。在现实社会中，城镇化进程往往破坏了自然的生态美。人类将自己驻足在冰冷的都市里，虽然生活得到了便利，生活水平也得到了大大的提高，但是我们每天触目所及无不是单一的人工景观和钢筋水泥浇筑起来的工业重镇。正是这种人工荒漠，引起了人与自然疏离的痛苦，使人们向往回到自然的怀抱之中。

（2）生态系统的内在和谐美

在生态系统中个体、片段、生命物与环境融为一体，各系统间相互协调、相互依存，体现出生态系统内在的和谐美。由于环境的差异，造成了地球上生态景观的多样性，伴随生态景观共同演化的生命存在物在争取生存机会的过程中，相互竞争、相互合作，并没有造成物种的灭绝，而是生物多样性的形成，正是这样才造就了生态系统的和谐美。正是这种和谐美观念诱使我们重新审视人与自然的本源关系，回归环境设计伦理的和谐原则。

（3）共同进化的革新旅程

地球形成之初，并没有生命物体的存在，在十几亿年漫长的生命演化过程才出现复杂的生命形态。生命的进化过程也推动了周边环境的演变。宏观环境作用于生命物种，丰富了物种的多样性，这是一种生命与环境共同进化的革新旅程。生命与环境是相互建构、相互依存、相互促进的。

2）生态美的意义

在两次工业革命以及长期秉承“以人为中心”的观念下，人类想要从根本上扭转目前的环境困境，就必须建立一个崭新的、超越人类中心主义的价值观念，引导人类走向生态、健康的新文明时代。

生态美是一个对人类生存具有深远意义的美学指导观念，能够帮助人类建立正确、健康的生存价值观念。在面对自然美的本质这一问题上，已经不仅仅认为自然只是其工具价值和功利性的外在体现，而是进一步将人与自然视作一个互为依存的整体。自然的美就是人类的美，两者的结合才是生态美的和谐状态。在生命旅程的漫漫长路上，人类通过自己的创造性发现去享受自然的美，与自然相伴相生。

3. 故土的诗意栖居

正当人们为工业文明的到来而欢欣鼓舞之时，荷尔德林和海德格尔等思想家预感到人类为了“不可避免地无家可归”，必须重返故土，提出“返乡”和“诗意的栖居”的思考。海德格尔说：“诗人荷尔德林步入其诗人生涯以后，他的全部诗作品都是还乡”。这种“还乡”并非只有重回故土之意，也是精神回归本源之思。故土有狭义和广义之分，狭义上指的是家乡，从小长大的地方；广义上指的是人的生存环境。在海德格尔看来，大地是人类一个终有一死的凡人筑居，是故土，也是生命的极乐、至真、至善之源。人类生命源于自然，来自故土，所以人的精神本源其实就是大地，生养我们的这片大地。诗意在此只是一个比喻，强调审美的生存。

“诗意的栖居”是对环境的一种超功利的审美伦理态度，是对人与环境对立关系的消融。这种关系意味着人与环境之间不仅在物质上实现能量的交换，而且在精神上获得升华和洗礼。也就是中国古人常说的“天人合一”的理想境界。

伴随着城市化高强度的工作节奏，人类曾经企图征服世界，也不过是在逃避“不可避免地无家可归”。由此，海德格尔提出人不仅要学会思考，更要学会栖居，以回归生存和交往。四川美术学院虎溪校区的环境设计就展现出了诗意栖居的理念。在约 67 公顷的校区土地上保留了原始的地形、地貌、植被等，当地居民也从未因建造施工被驱逐出原本的家园。校园生活与当地居民的日常劳作等场景共处一隅，当地居民种植的瓜果青蔬也会提供给学校食堂，将校园文化景观与地域性景观相结合，体现出尊重自然、尊重日常生活的当代生态审美观念，展示出一幅充满诗意栖居之景。

第三节　人与社会的和谐共处——社会和谐美

一、社会美与设计伦理

1. 社会美与设计伦理话语

1）审美话语

社会是人类所形成的一种结构，其自身是一个极为复杂有序化的发展系统，在不断的进化过程中，衍生出多种自我保护、自我调节的机制。审美作为人类的主要活动之一，是人类社会动力结构链条中的一种推动力，对人类社会走向文明的作用不可小觑，与人类生存发展的利益紧密依存。

随着现代社会、环境、资源等问题层出不穷，人们渴望栖居在一个“世外桃源”的乌托邦理想社会，渴望生活在一个人与人、人与社会和谐共处的安定社会，社会审美机制会显现人类的美好追求与理想内容。所以，社会必须具有审美精神，也是社会发展的现实需要。

2）伦理话语

人类生活在社会这个大群体中，作为社会的一员，仅靠政治、法律的约束和规范是远远不够的。为了使社会成为真正的理性社会、文明社会，伦理的约束是必要的，也是社会自我调控体系的重要手段。

在人类的发展上有两个重要支撑点，包括科学技术和伦理道德。科学技术为改造自然提供了技术基础。但科技一方面帮助人类从自然界获取丰富的资源，另一方面却极易导致这种获取变得毫无节制，从而破坏生态平衡。因此，只有将科学技术纳入伦理的约束控制之下，才可以真正造福于人类。

在社会和谐美中伦理所强调的社会和个人、利己与利他、善与恶是不容忽视的重要概念。在大众利益大于个体利益，根本利益大于局部利益，长远利益大于眼前利益时，我们应该遵从“公平”“正义”原则，坚持可持续发展的环境设计伦理观。在社会大环境下以人类的生存发展的根本利益为最终目的，才是社会的和谐美，也是社会的伦理善。

3）环境设计话语

有学者认为环境设计史的起点是人类物质文化的起点。环境设计源远流长，与人类生活密不可分，人类社会亦离不开环境设计。大到城市规划，小到家具设计，它以独特的表达方式满足人类物质和精神生活需要，服务于人类空间活动，给人以美的享受，人性的关怀。

在当代社会审美的伦理语境下，环境设计始终扮演着一个调控角色。在满足社会和谐美的情况下，同时考虑伦理善的设计。为大多数人设计、为根本需求设计、无障碍设计等理念的提出，深刻体现了人类渴望社会和谐美的伦理诉求。

2. 社会审美文化的伦理价值偏离

随着后现代思潮席卷而来，人类一度浸染在以“快适伦理”为表征的“后感情主义”的审美倾向下，一味地追求形象的欲望和身体的解放，得到的并不是生命自由的舒展与释放，而是沉溺其中的身心疲惫和精神空虚。

中国自改革开放后，物质生活水平大幅度提高，但由于曾经被长期压抑的欲望突然得到空前释放，人们在还未清楚评估环境承载力的情况下，以一种蛮横态度对自然进行掠夺，使得资源问题、环境问题、社会问题等频频加剧，所以审美正义成了当下社会不可避免的话题。

城市化建设中盲目地大拆大建，一味地追求“一年一小变，三年一大变”的造城设计，不但耗费了大量的资源，而且许多历史遗迹的文化脉络逐渐消弭于机器的轰鸣声中。当我们置身其中，就形同一个远行的孩子找不到回家的路。一味地求大、求高的建筑文化观念，其隐藏在背后的社会审美意识所呈现出来的是一种非和谐的病态价值观，也是当代社会审美文化与伦理价值偏离的重要表现。

3. 人类社会的审美理想与伦理理想的统一——和谐美

我们在生活中常常会谈及“美”这个概念，审美活动能使人类感悟生活、净化心灵，而人与人、人与自然的和谐则是一种更为博大而崇高的美。因此，在人类社会审美的价值取向中，和谐美作为审美理想的最高形式，无疑成为人类对美的价值追求的终极目标。

和谐美是社会审美理想与伦理理想的最高统一，也是人类终极的价值追求和伦理关怀。中国传统的“和谐论”不单只是简单表达人与人之间的协调关系，更重要的是指宇宙之大，万物间都有着千丝万缕的特定关系。和谐美作为一种美的境界，也是人生和社会的理想。古往今来，不管是东方国家还是西方国家，追求和谐一直是人类审美的根本原则和基本价值取向。

和谐美的价值精神取向作为优秀的传统美学概念，是世界各国各民族的一个共识，将引导人类命运共同体走向理想的和谐社会。在环境设计中不断输出和谐的理念也将潜移默化地造就和谐的审美心境。总之，社会文明的发展是由多种因素共同推动的结果，其中和谐的审美文化和伦理观念起到了关键的作用。

二、和谐美的精神指向

1. 中西和谐思想的渊源

中西方文化中都有“和谐”的概念。中国的“和谐”源于“和”的审美观，西方则源于毕达哥拉斯学派的“Harmonia”（古希腊语），与数理相关。前者偏感性，后者偏理性。

“和”作为中国传统审美观的重要概念，一直贯穿中国文化的纵横与始末。中国古典美学的基本问题围绕天和、政和、人和以及心和这四种和谐关系而展开，涵盖了个人、人与人、人与自然的协调标准。儒家所提出的“爱人”“忠孝”“三纲五常”都是体现“和谐”的最好佐证。不管是音乐、绘画，还是环境设计，人们总希望通过“和”来处理一系列复杂的矛盾关系，使其达到和谐的境界，是中国传统审美在社会、政治、经济等方面的伦理价值追求。

在西方，和谐也是美学的核心范畴。苏格拉底将和谐归结于事物关系的统一，鲍桑葵在《美学史》中将古希腊时期的美学思想归结为“和谐、庄严和恬静”[①]，狄德罗则认为美在于存在双方的和谐关系。黑格尔将“和谐”视作最高级的抽象美，强调“和谐产生于对立”。康德则认为美是形式上的“和谐”原则。在这些古典美学思想的影响下，西方一些著名的政治家设计并规划了自己心中的理想社会和家园，如柏拉图的理想国、莫尔的乌托邦、阿奎那的太阳城等，表达了人类渴望追求的理想和谐环境。

古代西方的和谐美偏向于神人以和、对立与统一、美与真的统一，重模仿。而东方的传统审美观念则偏向于人人以和、美与善的和谐统一，重表现。从中西方的传统美学渊源中，能够察觉到“和谐”已经作为一种精神特质融入了人类的思想，代表着人类一种优秀的文化精神。

2. 和谐美——社会审美与伦理的精神指向

“只有审美的趣味才能导致社会的和谐，因为它在个体身上奠定和谐……只有美的交流，才能使社会团结，因为它关系到一切人都共同的东西。”[②]

——埃贡·席勒

人类文明已历经上万年，在发展过程中伴随着多种文化的产生。人居环境营造作为人类本质力量的肯定，是人类文明的重要形态，也是每个时代政治、社会、经济、文化的重要体现。在高速城市化过程中，由于社会上所出现的不良价值取向，致使不断涌现大量的丑陋建筑。这种丑陋不单是审美上所界定的美丑，而是价值观念的取向问题。由于当今社会发展的不确定性，人们陷入一种对物质的过度依赖和恐慌之中。这不仅是社会风气，也可以说是时代的恐慌。在建筑设计中体现出对财富的象征与渴望，其露骨、直接的设计表达不禁让人唏嘘。

建筑的使用时间往往长于人的一生，由于其独特的社会属性，作为象征城市精神和表达地域文化的载体，其社会影响深远且持久，不应变成一种速成的“快餐文化”。我们更需要的是站在为人民服务的立场，在环境设计中倾注人文关怀，关心社会、民生、环境等问题，弘扬正确的思想文化。

---

① 伯纳德·鲍桑葵. 美学史 [M]. 张今，译. 桂林：广西师范大学出版社，2009：1211.

② 北京大学哲学系美学教研室. 西方美学家论美和美感 [M]. 北京：商务印书馆，1980.

和谐美是人类精神生活的重要内容，如宗教文化、道德规范、民族习俗等观念都极大程度地受到和谐文化的影响。在现实生活中，和谐美能正确引导人类精神文明的建设，提高人类审美艺术的修养。环境设计的好与坏并不是相对的概念，人们关注设计的美丑，是因为它关系到人类未来的生存环境和状态、关系到每一个使用者的生活，只有基于对社会审美与伦理正确的价值判断，才有可能区分设计的美丑、好恶。

三、和谐美是环境设计伦理与社会审美的最高追求

1. 善与美的权衡

人类改造自然和改造社会的相互斗争可以说就是一部探求“真”、实现“善”、创造“美”的历史过程。“至善”是伦理评价中的最高境界。在人类的智力、意志和情感结构中，三者相互联系、相互影响，又相对独立。在一个时代，一个社会中，“美”的观念由于不同程度地受到文化、地域、宗教、种族、阶级、民族等因素的影响因人而异。

在设计中，“美”与“善”往往发展不平衡，甚至常常发生冲突。由于两者概念间的无规律和复杂性，没有一个可视化的实质标准和价值评判。一般情况下，“美”和“善”的矛盾中，“善”始终占据主导地位。在实际生活中，“善”与人们的利益太过密切，所以经常以“善”之名，强加于人，这便是“伪善”或是“恶”。

真、善、美是人类精神文明的永恒追求，美与善在时代交替中被人类不断赋予其新的内涵，以它独特的方式影响人类社会的发展。同一个设计，从审美的角度而言，也许是美的，但从伦理角度而言它并不一定是善的。

和谐美正是基于伦理的角度，旨在可持续发展观下实现社会物质与能量的最优化，通过加强人们的社会审美伦理观念，真正构建一个绿色的、健康的、和谐的生态社会。

2. 满足谁的审美需要

“审美需要”指人类审美活动过程中的动因和根据，是审美主体的一种感性的精神追求，也是人类表达生存自由的独特需要。在环境设计的过程中，对于审美需要的清晰把握至关重要，这里我们不禁要问“设计是为满足谁的审美需要？”

随着第二次世界大战以后科技与社会的进步，社会对各类型人才的需求不断增加，致使高校教育、资源配备、校园规划等方面一直备受关注。高校的校

园规划的目的不是单一的合理分配，它与大学学科规划、事业规划存在极其密切的关系，也在很大程度上影响和制约学生的学习与生活。为了迎接学生人数的高峰阶段以及为了给学生提供一个好的学习环境，许多高校加建新校区亦是常事。但是新校区并没有让学生生活变得舒适便捷，因为担心生活区的杂乱风貌会影响学校所强调的学术氛围和教学环境，因此新校区只设有图书馆、实验楼、教学楼等学习区域，缺乏商店、食堂和宿舍等生活功能区，给学生带来了许多不便和困扰。从宏观角度看，新校区宽敞、整洁，没有生活垃圾，没有晾晒衣物的杂乱色彩，到处洋溢着纯粹的学术和教育气息。但从学生角度看，它未让学生感觉亲切，所以学生并不喜欢长时间待在新校区。那么，校园的“美”又是为了给谁欣赏呢？其中确有些本末倒置的意味。

3. 再论权力美学

权力在早期属于政治哲学的范畴。权力可以使他人的行径符合当权者自己的目的性，从而导致某种特定的审美倾向的产生，“权力美学”由此产生。

在建筑史上，“权力美学”曾大放异彩，随着王朝更迭，借助建筑象征帝王、国家意志，以此宣示君权至上。到了当代，“权力美学”仍然是影响环境设计的重要因素。这种“权力”的审美趣味沿袭了当权者的观念，试图以“权力意志”喜好的尺度、体量、色彩等要素作为衡量建筑环境的审美标准。如同一只看不见的手，以美学之名来决定城乡景观的风貌。

“权力美学”主导下的城市建设中，地标性建筑、中心广场、超高建筑、宽阔的主街等都成了环境设计的重点。我们不难体会那些附着在其中的权力意识形态和美学话语。

其次，“权力美学”的发展伴随着经济社会的发展，出现所谓的“圈地运动”。超大型建筑或小区自身具有很强的封闭性，往往与周边环境交通断隔，再加上超大型环境工程项目所需完成时间较漫长，于是周边居民小区经常出现断路限电的现象，已经开始进行的建设项目重新设计且一改再改，造成巨大的资源浪费。另外，城市超大型环境工程项目不可避免地涉及拆迁问题等，给市民日常居住生活造成诸多困扰。

回过头来看，现代人聚居生活在太过冰冷的城市中缺乏安全感与归属感，反而向往小尺度的温情的小街小巷，有的是亲切友好的邻里关系。环境设计伦理应关注社会日常生活下的琐碎印记。

4. 活力与混居

由于市场经济转型背景下造成的贫富差距，城市环境逐渐出现了居住空间分化的问题。近年来，随着国内房地产的日益活跃，“豪宅”“廉租房”等词语的不断出现，显示社会群体空间分异居住中所存在的环境设计伦理争议问题。

城市本应是多样性的聚集地。简·雅格布斯认为一个健康的城市环境所必备的最重要的条件就是多样性——“混居”。在城市环境设计中，混居并不是无序地将各个不和谐的建筑或人群不假思索地堆置在一起，而是功能的混合、生活方式的混合和有组织的复杂性。应从满足居住人群的需求考虑，从而为城市活动提供场域，给市民提供一个多元化的生活空间。

在评价城市环境设计的好坏时，活力程度是重要的标准之一。在居住空间的分布上，混居可以带来多个方面的社会效益，给城市增添活力。“混居”模式包含了人群结构、功能组合、景观类型和建筑构成的多样化。我们应该从城市环境设计上积极尝试混居模式，通过打破以往旧的住房分异格局以促进社会群体的和谐。只有个性与共性、对立与差异、内在与外在的和谐发展，才能创造和谐的美，推进社会阶层的融合。

第六章　环境设计伦理的经济维度

环境设计伦理的经济维度是对环境设计伦理与社会再生产的探讨，其中包括在环境设计经济行为中有利于生态保护的设计消费方式，以及以友好型环境来促进经济从而保障社会和谐发展等内容。

我们将“环境”定义为“一切人为环境”，可分为“自然环境”与“社会环境”，它们与经济都存在着相互促进与相互制约的关系。下面从经济维度出发，探讨环境与经济的关系。

第一节　环境设计伦理与经济发展

西方“经济学之父”亚当·斯密认为人类有自私利己的天性，追求个人经济利益并非不道德之事，人处于经济竞争的环境，通过理性判断、社会分工、商品交换等追求个人利益最大化，这只“看不见的手”反而使社会环境资源分配达到较佳状态。IBM 前首席执行官托马斯·沃森也主张“好设计就是好生意（Good Design is Good Business）。”可见，环境设计与经济的密切关系。

一、自然环境与经济的关系

人类是自然环境的产物，同时也是改造自然环境的主体。马克思主义认为人类社会与自然界是辩证统一的关系。在现代社会，我们对待人与自然的态度是追求两者的相互依存、和谐统一，那么衡量人与自然共生共荣的重要标准就是人与自然之间利益的平衡。

自然环境是经济发展的物质基础，它为人类提供栖息地的同时，也是人类社会生产活动的对象。人类不是机械地适应自然，而是通过劳动改造自然，使其满足自身的需要。自然环境的改善能够为人类提供祥和的环境，从而有效地促进经济发展。同理，只有在经济发展的基础上，才能为设计中产生的环境问题提供必要的资金、技术支持等物质条件，保护自然环境的生态性，促进生态系统的良性循环。

二、社会环境与经济的关系

社会环境是人类通过自主意识对自然环境进行有序组织形成的环境体系，是与自然环境相对的概念。社会环境作为人类物质文明与精神文明凝聚的结晶，伴随人类文明的发展而不断演进，所以社会环境在某种程度被唤作文化——社会环境。人类活动影响社会环境的生成，反之，社会环境也制约人的发展进化，人类自身在改造社会环境过程中不断异化。

人为环境是自然环境的社会化结果。环境设计伦理视域下的“社会环境”主要指在设计发展过程中的社会思潮或风气，这种思潮源自社会经济基础。无论是不良的社会风气（如极端个人主义思潮、奢侈浪费之风等）还是优良的社会风气（如可持续发展观念）都一直影响着现代环境设计观念和消费观念，这些观念与价值反作用于人的生存环境，影响着社会经济发展。

西方工业文明时期的后现代建筑思潮推动社会“繁荣”的同时也带来了一场时代危机。西方发达资本主义国家在20世纪70年代后陷入通货膨胀、石油危机等经济困境，引发社会动荡。“现代世界的剧烈运动打破了旧有的时空感和整体意识，人们对社会环境的感应能力陷于迷乱。”[①] 经济发展也制约着建筑环境的发展。伴随后现代主义思潮的产生，建筑领域强调多元和折中，丰富了原本日趋僵化的现代环境设计，弥补了对技术的依赖，也缓和了一定的社会经济矛盾。

第二节　环境设计的价值与消费的辨析

一、设计的价值

物体的“价值”可以理解为物体的“有用性”，正如海德格尔所言，器具之所以是物，“因为它被有用性所规定”[②]。例如，衣服用来驱寒保暖、雨伞用来遮风避雨、房屋用来生活安居等，其作为物的本质并未改变，被使用和消耗的

---

① 丹尼尔·贝尔．资本主义文化矛盾[M]．赵一凡，等，译．北京：生活·读书·新知三联书店，1989：68.

② 海德格尔．艺术作品的本源[M]．北京：生活·读书·新知三联书店，1996：249.

是物的“有用性”，或称为“价值”。同样，设计的“价值”即为设计的“有用性”。环境设计伦理的经济维度包含了人们对环境设计价值（有用性）的思考，也是为设计的社会价值最大限度地实现而对于环境经济行为的审视与反思。

1.“价值”的含义

“价值”一词早先出现在经济学领域，指“凝集在商品中的一般的、无差别的人类劳动。”[①] 从经济学的维度看，价值包含三个部分：第一，物体当中天然存在的、不以人的意志为转移的价值；第二，物体为现实的运用所形成的使用价值；第三，物体作为商品在经济行为中的交换价值。

18 世纪，英国哲学家休谟在《人性论》一书中提到了“是”与“应该”的差别，他认为“是”是对事实的一种判断，而“应该”则是一种价值判断。19 世纪中叶，康德首先将价值的内涵延伸至哲学层面，他的“三大批判”体现了他对价值的探索，具体表现在认知的科学价值、伦理的道德价值以及美学的审美价值几方面。随后，赫尔曼·陆宰、弗里德里希·威廉·尼采等赋予“价值”一种哲学意蕴。陆宰主张世界分为事实、规律以及价值三大领域，其中事实和规律领域都是改造世界的手段，只有价值领域才是意义，即改造世界的目的。尼采提出“重估一切价值”，是对当时道德观念和价值体系的感慨，他认为人处于价值危机的漩涡，这些都推动了西方价值哲学的产生与发展。19 世纪末 20 世纪初，价值哲学成为一门独立学科，形成了两种观点：一种是主观价值论：价值的本质在于满足主体的需要；另一种是客观价值论：价值是客观存在的，只能被主体的直觉所感知。

我国关于价值哲学的研究兴起于 20 世纪 80 年代，以马克思主义哲学为指导。它的研究对象是一般价值，包括经济价值、政治价值、法学价值、伦理学价值、美学价值、人的价值等各种特殊价值中的一般价值问题，内容涉及价值关系、价值活动、价值意识、价值观念、价值与文化等问题。[②]

总的来说，“价值”表明了一种物质属性，是某物的外在特征与内在属性，同时也表明了一种伦理关系，即“价值”是客观存在的，它不以人的意志为转移，但它只有与主体发生关联，才能被感知和需要。

2. 设计价值

设计是一门为满足人的需要而存在的实用艺术。设计作为人类实践的重要组成部分，它是一项创造性活动，也是人的思维过程，其中包含着对于价

---

① 巢峰 . 简明马克思主义词典 [M]. 上海：上海辞书出版社，1990：470.

② 郑时龄 . 建筑批评学 [M]. 北京：中国建筑工业出版社，2008：167.

值的思考与探究。设计将人对物质文化的需要作为推动生产力发展动力的同时，也将社会生产力导向为满足人们日益增长的物质文化的生产活动。随着社会的发展，人的需要也发生了变化。马斯洛将人类需要分类，认为主体（人）需要的多样性，决定了客体（设计）的多样性，这也是设计活动的原始动力，即创造价值。

设计实践就是价值创造与实现的具体过程，从石器的使用到第一台蒸汽机的发明，再到如今各种信息媒介的出现，都是人创造对象的活动和价值创造的成果。自古以来设计以“创造社会和谐”为重要目标，但审视当今社会中对设计价值的追求，我们可以发现，对设计“附加值”的追求越来越超出单纯的对于设计“使用价值”（功能）的追求，人们对设计本身的误读造成了设计成为经济时代获取利益的手段，因而造成了环境危机与文化危机。因此，对于设计的价值我们需要有正确的认识和把握。

二、环境设计的价值

从价值角度而言，社会大众对设计的消费实质上是对其价值的消费，因此，本节首先探讨环境设计的价值，从而引出消费社会中所产生的设计特征以及在此背景下形成的消费模式。

美国哲学家佩里主张价值可分为道德、宗教、艺术、科学、经济、政治、法律和习俗八大领域，依据不同客体，人造物具有经济价值，自然物蕴含自然价值。针对设计价值形态的分类，学者们还提出了以下观点：

设计价值分为有形价值与无形价值。有形的价值体现的是设计的直观形象和状态，无形的价值体现在设计的意念构成状态和寄寓性的表达方式上。张黎提出，在消费社会里，设计价值中最具时代特色和意义的价值是符号价值。[①]

设计的价值在不同视角分为不同层面，在这里，我们将环境设计价值从低级到高级分为使用价值、符号价值和伦理价值。使用价值是环境设计价值体系中最基本的价值内容；符号价值是当代背景下最具有意义的价值；伦理价值是在环境设计过程中具有导向意义的价值。

1. 经济价值

在进入商品经济社会前，设计行为就存在，其原始作用是满足人们“自给自足式”的价值创造活动。随着商品经济的产生，设计不再仅仅以满足生产者

---

① 张黎. 消费与设计价值论 [J]. 南京艺术学院学报（美术与设计版），2009（3）：29-36.

自身价值需要为结果，更是为满足生产者与消费者交换和获取经济利益的需要，成为经济生产的一部分。

经济价值是环境设计持续发展的重要动力，有关设计投入与产出的效益问题不可回避。商品经济时代的社会经济是在生产与消费的基础之上建立，环境设计蕴含的经济价值在政府、企业及个人获取经济效益的层面得到体现。因此，经济价值在很大程度上刺激了社会的生产与消费，促使社会经济循环发展。

环境设计并非仅作为一门艺术，其也是一种经济活动，具有商品的“经济性”特征。它的物质属性决定了与其他艺术不同之处在于它需要考虑功能与造价，以及建成后的市场和消费者涉及的经济性问题。首先，它需要一定的经济投入，如人力、财力、技术的参与，也需要经济的管理与依托。其次，它作为蕴含艺术的独特经济活动，能够带来经济价值。环境设计的经济价值是由不同的社会主体共同参与创造，并且不同主体创造价值的方式具有差异性。例如，环境设计师是建立在设计项目完成后的使用价值、审美价值等基础上实现设计的经济价值，施工者通过建造项目以强化设计的经济价值，消费者的购买力意愿使设计的经济价值得以实现。因此，环境设计的经济价值是由多个环节共同合作而实现。

从传统工业社会转入消费社会以后，对于经济价值的追求也成了各商家的重要目标。例如，如今的商业空间从单纯的购物空间，转型为集休闲娱乐于一体的复合性功能空间。在环境设计中，通过综合分析购物者心理和视觉等因素，规划人流动线、健全公共服务设施、营造独特建筑外观及优化室内空间采光照明、陈列展示等方面吸引大众的关注，进而激发消费者购买欲，达到提高商业整体经济效益的目的，实现环境设计的经济价值。各主体对于经济利益的追求无可厚非，但作为一种经济活动，在当下消费异化的背景下，环境设计不断创造经济价值的同时，也应该做到经济的设计，遵循市场规律和经济法则。

2. 社会价值

环境设计是为大众和社会服务的一种社会行为。环境设计的社会价值是设计的一种内在的、本质的价值，是自然在社会化与人化后具有的潜在价值和显现的价值总体。[①]

环境设计通过社会价值对大众的日常生活方式产生重大影响，也在一定程度上引导着大众的消费。社会价值中最主要的价值分别为：实用价值、审美价值和符号价值，其中，符号价值是我们重点描述和分析的对象。

---

① 赵伟军 . 伦理与价值：现代设计若干问题的再思考 [M]. 合肥：合肥工业大学出版社，2010：62.

1）实用价值

设计的“实用”原则是保证人造物的功能性的前提，它是人类最早创造和追求的价值形态。从石器时期开始，在原始的造物活动中，对砍砸器或切削器的制作和设计，都是以实用为标准。威廉·詹姆士把实用主义归结为“彻底的经验主义”或是“有用即是真理。”[①] 早在1936年，陆谦受、吴景奇就在《中国建筑》（第26期，1936年）杂志上撰文《我们的主张》，提出“一件成功的作品既不能离开实用需要与时代背景，也不能离开美术原理与文化精神”。由此看来，设计追求艺术而牺牲实用是不可取的。

环境设计的实用价值体现在满足人们某种需求的实际效用，譬如一座建筑、一处景观都是为人提供居住或休憩等实用功能而存在的。具体言之，建筑的实用价值在特定的地理环境中体现。南方与北方地区气候条件和地貌特征的典型差异，使得在建筑造型上也有相应的变化与特点。北方建筑往往需要采用保暖材料和设计厚实墙体，而南方建筑往往采用较薄的墙体与坡屋顶形态，便于雨水引流和排干积水。

20世纪以来出现的功能主义立场被广泛运用于环境设计领域。环境设计的实用价值就是其本质属性，从对人居环境的系统规划到室内空间的布置，都正如使用价值为商品的本质属性一样，直接体现在对环境的改造以满足人们对于物质和精神的需求。

2）审美价值

人类认识与把握世界的一种特别形式就是审美，审美就是人们感知和领会事物的“美感”。如果说经济价值与实用价值是环境设计的理性特征，那么审美价值就是其感性特征。环境设计区别于纯粹的工程技术就在于它具有审美价值，能让人产生视觉愉悦与精神满足，这种满足来自于设计的内外形态的合理性和艺术性，包括功能美和形式的技术美、结构美、材料美以及色彩美等。

环境设计中的“样式主义”与“功能主义”一直存在着关于“形式美”与“功能善”的争论。由此可见，形式与功能的关系是一个伦理议题。

20世纪50年代中叶，环境设计“经济、适用、美观”的方针被提出，强调在合乎人们生活习惯和便于使用的基础之上，注重工程造价的成本把控，在这样适用和经济的原则之下，再追求形式的美观。因此，审美价值相对于实用价值是更高层次的价值需求。在不同的情境下，形式与功能的权重设计会有变化。环境设计伦理应秉承差异原则，具体问题具体分析，避免粗放统一的僵化逻辑。

---

① 汪波．当代美国文化透视[M]．合肥：安徽大学出版社，1997：102.

3）符号价值

符号现象是一种古老的社会存在，它存在于人们的生活和劳动当中，是人与人、人与社会沟通的精神桥梁。最初，语言和文字都是典型的符号，庄子言："言者所以在意，得意而忘言。"表明语言具有意指作用。亚里士多德将语言视作心灵的经验符号，将文字视作口语的符号。随着思维的发展，多种感知觉和视觉的符号系统得以形成，人类的生活世界充满符号，人们借由符号认识世界。

环境设计符号学从20世纪40年代的萌芽，到60~70年代快速地兴起与发展，使得建筑环境形成了一个具有内在规律、秩序和文化意义的符号系统。英国建筑家杰弗里·勃罗德彭特在《符号·象征与建筑》一书中探讨了建筑符号的理论问题，指出建筑通过能指与所指来表达真正意义。

环境设计离不开符号的运用，这对提高设计作品的精神内涵具有重要作用，而符号价值就是满足当下社会环境中主体多样性的社会与文化需求的一种重要价值形态。一方面，它使人们在消费时对空间符号所象征的地位、身份和生活方式等意义有了更多关注；另一方面，它为环境设计的发展带来了新的挑战与契机。

3. 精神价值

1）文化价值

任何国家和民族所具有的历史内涵都是文化的表现形式。当文化被人类不断地积累和继承下来时就形成了文化的价值体系，因此文化价值表达的不仅仅是一种历史记忆，更是人类在社会发展过程中对未来的向往与追求，影响着整个社会群体意识形态的形成和价值观念的建立。

设计的文化价值是设计产品对时代文化、民族文化与信仰文化的综合表现，环境设计也是对文化处理的过程和结果，它离不开传统文化与当代文化。环境的规划与设计更能让我们直观地感受到文化的价值。城市是历史发展的产物，它反映了文明的历史积淀，文化是延续其地域特色发展的重要因素。无论是18世纪诸多欧洲国家的巴洛克建筑，还是19世纪的折中主义建筑，抑或20世纪的艺术装饰运动时期的建筑都可以被解读为历史教科书。德国后现代哲学家沃尔冈·韦尔施认为："建筑往深里说基本上关涉文化问题，不仅因为它本身就代表了一种文化活动，而且因为它处理的是文化状况，也参与了我们获得的文化形象。"[①] 吴良镛先生认为，作为历史沉淀的文化存留在建筑当中并融汇

① 沃尔冈·韦尔施．重构美学[M]．陆扬，等，译．上海：上海世纪出版集团，2005：162.

在人们的日常生活里。环境设计对历史文化的传承和创新、对认同感和归属感的表达等方面都是其文化价值的内涵。例如，建筑师埃罗·沙里宁设计的肯尼迪国际机场航空站，建筑外部干练的线条造型恰似天空中翱翔的飞鸟，符合机场的功能情境。另外，哥特教堂平面布局普遍采用拉丁十字，象征着束缚耶稣的十字架，具有宗教历史意蕴。

2）伦理价值

（1）人本价值

人既是外部环境的改造者也是使用者，英国学者威廉·莫里斯首先提出了"设计的中心是人而不是机器"的民主思想，之后的现代主义包豪斯也将设计与社会民主紧密结合，铸就了现代主义的环境设计崇尚真实的结构，文丘里主张的设计大众化也是"人本价值"的体现。环境设计的人本价值就是要求设计的核心在于关怀人性。

（2）生态价值

环境设计创造了一种人工环境，但它仍与自然保持着紧密的关系，这是因为创造人工环境的能源和材料皆来源于自然环境，它的某些特性受到自然环境制约的同时又反作用于自然。

环境设计的生态价值要求承担更多的环境责任：是否考虑了项目实现过程中对于自然资源和能源的消耗，是否提前预见到了对于环境可能造成的伤害，是否能有效地传达对于环境问题的关注，并为"生态"的实现作出正确的引导。

苏联城市生态学家杨尼特斯基（1981年）曾提出建设"生态城"的理想模式。不仅注重城市自然生态环境的建设，也要求经济、社会与环境复合生态系统的和谐。其本质是人类向自然生态系统学习的过程。例如，德国南部著名的弗莱堡市，通过保护树林、硬化地面的透水改造、恢复河道自然景观、推广低耗能的建筑和小区设计等方法，建立了被誉为"绿色之都"的生态城。当地居民响应政府的号召，注重建筑的屋顶绿化、阳台绿化和墙体垂直绿化。因此，整个城市如一片壮阔的汪洋绿海，焕发无限生机。

三、消费与设计

1. 消费社会的兴起与发展

1）什么是"消费"

伴随人们走过千年的消费活动的实质和意义究竟是什么，我们不一定真正地理解。实际上，消费不仅仅只是一项经济活动，也是一种伦理现象，其伦理道德问题表现在消费手段、消费标准和消费质量等方面。因此，从本质上理解消费，探求消费的正当性和合理性，把握消费的健康发展成了环境设计伦理关注的核心内容。

“消费”一词常常带有贬义，这与社会生产力有很大关系，当时的资本主义国家都还处在资本积累的初期，生产力水平较低，因此对资源或产品消耗性的使用是人们所要抵制的，而社会的主流意识形态则是克制，甚至是禁欲。直到 18 世纪中期以后，随着工业化水平的提高，社会劳动产品的积累使得人们对于“消费”的看法变得中立，从客观的角度看待消费与生产的关系。因此，这时候的消费已经超过了一种基本的、生物的范围。到 20 世纪中后期，精神世界的提升和完善使“消费”被赋予了更多的社会意义，更多地涉及文化的、心理的、精神的层面，人们对于商品的消费更多的是对其“意义”的需要，其属性也发生了转变。消费的属性就是消费所固有的性质和特点，这是由事物的内部矛盾所决定的。消费是人们对于自然、社会和精神的需要，因此，它具有相应的自然、社会和文化三种内在属性。

（1）消费的自然属性

消费的自然属性指的是商品的使用功能发挥作用的过程，即商品在满足人们需求时的自然磨损和消耗，它主要外化显现于满足人的生存性功能需要（如衣食住行）。消费的自然属性根源是人的自然属性。

与消费的自然属性所紧密相关的是商品的“寿命”，在崇尚节俭的年代，经济上的匮乏使得商品的物理寿命较长，而在当今这个快消费的时代，商品的自然属性在人心中的地位逐渐下降，导致商品的使用周期变短，更新换代的频率越来越快，商品的“寿命”变短不仅是商品物理寿命的变短，更是其“社会寿命”的变短。

（2）消费的社会属性

消费的社会属性首先体现在消费主体的社会性上。消费的主体是个人、社会团体、城市和国家等。无论是个人还是团体，他们都不是孤立或抽象存在于社会，而是共存于特定社会关系网络。社会性作为人固有的本质属性，人的社会性是消费的社会属性的根源。此外，消费的作用体现出社会性。消费是一种社会过程，它一方面来源于生产，另一方面它对社会关系的再生产也起着重要作用，是社会交往和发展的方式。消费行为也具有社会性。消费观念影响着消费行为，消费行为的社会模仿性导致大众对于时尚和流行的追求，或是对于地位和身份的追求，这就体现了消费行为的社会性。

消费可以看作一种经济活动，而本质上是一种社会活动，即一种社会交往、社会沟通、社会互动和社会竞争。[①]

（3）消费的文化属性

消费是人的一种生理和心理需求，因此它不仅是一种自然行为，也是一种文化行为。文化是人特有的现象，商品和消费活动都是通过人而实现的，所以它们均作为文化的载体。

随着消费时代的来临，消费的文化属性上升到了主要的地位，这时的消费不再只是求生和谋生的手段，而是成了社会主体实现自我的一种方式。消费与价值、信仰和人生哲学相联系起来，使得商品的设计需要考虑来自不同阶层、不同国家和民族的消费主体的不同文化背景和需要，从而体现文化传导功能以促进商品的消费。

2）什么是“消费社会”

第二次工业革命使西方资本主义国家的资本得到大量积累，经济开始飞速发展。大企业如雨后春笋般出现，技术的革新和管理模式的改变为市场提供了大量产品，开拓新的需求市场，促进消费者的消费成了当时的首要任务。19 世纪末 20 世纪初，美国经济学家凡勃伦认为当时的社会与文化背景形成了一种“暴发户”式的消费模式，“炫耀式消费”为的是获取社会的承认与名利的追求。1970 年鲍德里亚在《消费社会》中提出，消费者实际上看重的是商品所赋予的意义，即商品的符号价值，而非使用价值。因此，消费社会中的“消费”，不只是由“需求”和经济实力决定的，更多的是由“欲求”决定的，它是一种新的社会形态，人们对于物质商品的消费转变为对文化身份和体验的消费，此时传统的勤俭、节制的理念被奢侈放纵的享乐主义消费所取代。

2. 消费社会与设计

1）消费与设计的关系

设计的产生和发展都离不开社会的经济、政治、文化等因素，社会的经济文化现象也反映在设计中。消费文化是人类物质文明和精神文明的结晶，表现了人们对物质财富和精神财富的渴望。消费者不仅是消费“丰盛的物”，而且是消费“经过设计的物”。

设计是通过创造的手段将人的理想观念与物质性载体结合的过程，可以说，无论是只具有功能性意义的产品还是具有其他价值的产品，几乎所有的产品都是人们为了实现某种目的而“设计”出来的。因此，对商品“物”的消费或是对商品“意义”的消费，都是对设计的消费。同时，消费也是设计的目的

---

① 王宁．消费社会学：一个分析的视角 [M]. 北京：社会科学文献出版社，2001：9.

所在。“消费”与“设计”正如一枚硬币的正反两面，是无法割裂的。正如李砚祖教授所说：“在消费方面，消费是设计的根本目的所在，消费既是设计的终点，又是消费的起点。即设计的目的是满足人的需求（消费），新的需求产生新的设计。”①

2）消费社会中环境设计的特征

（1）符号化的设计

①产生背景

西方资本主义国家的工业革命为社会带来了机械化的大生产，福特主义使生产进入了一种标准化和批量化的方式，社会的物质产品极大地丰富起来，而与之相对的人的购买力却并未有所提高，加上大量同质化的产品，导致了生产与销售的矛盾加剧。为了吸引广大消费者的目光，摆脱大量产品的积压，获取经济的利润最大化，各企业就需要完善产品的功能性，并着手考虑产品的造型设计和意义的赋予，也就是说，使产品“符号化”。

鲍德里亚认为“某一对象成为消费对象的前提是该对象不得不转译成符号，即以一种特定方式超越其所表征的关系”。设计作为消费的一种手段，对于符号的应用是顺应时代的必然结果。设计的符号价值就是设计作为某种概念或意向的载体，形成某种符号式的表达，通过符号来打动消费者并向人们传达设计的用处、目的和意义。

在环境设计领域，各新兴学科（如语言学、形式逻辑学等）的问世为设计师开辟了新的视野，他们从中打开了设计思路，寻找到了新的设计方法。无论是景观设计还是建筑设计，“符号”都被广泛运用在其中。消费社会中环境设计的符号化表现为两个层面：第一是使设计造型本身具有独特性；第二是使设计表达文化的底蕴，并具有一定的社会象征性。

②环境设计中符号化的设计

按照皮尔斯的符号分类法，我们划分环境设计中的符号为图像性符号、指示性符号和象征性符号三种类别。

a. 图像性符号：这是一种比较直观的视觉符号，它所表达的是形式和内容之间的形似关系，也就是在造型上对某些具象图形或造型的模拟。例如，北京香山饭店中庭漏窗的梅花形态，呈现窗和梅花叠加的双重语义，是一种图像性符号。

b. 指示性符号：这种符号表明内容与形式之间蕴藏着一种实质性的内在因

① 李砚祖. 设计的消费文化学视点 [J]. 设计艺术，2006（4）.

果联系。例如，门具有联系进出空间的功能意义，指示着入口，楼梯的形象具有联系上下空间的指示性。

c. 象征性符号：这是对设计结果附加象征含义，它指的是形式与内容之间的任意关系，是人们潜意识中的一种约定俗成。

除此之外，符号化的环境设计还包括技术、材料的符号化以及设计师的符号化。

环境设计对灵活性、多样性、生态性以及非线性的思考都体现了对技术的追求。材料的符号化主要表现在对建筑表皮的处理上，技术符号化的另一个重要表现是“生态建筑”的产生，生态建筑为了达到节约能源的目的，需要对技术和材料进行理性的选择。20 世纪中叶，密斯在其建筑设计生涯早期追求建筑的真实构造与适宜的技术，后期则强调技术纪念性的呈现。密斯认为技术是一种文化，具有超越了其他任何方法的前瞻性。其沉浸于对玻璃幕墙与钢框架结构的追求，有时宁可舍弃建筑的经济性与功能性。

进入 20 世纪 80 年代以后，著名设计师对专业领域乃至整个社会的影响深远，他们往往被视为增加设计附加值的主要来源。可以说他们的设计不只是一件作品，更是吸引消费者的商业化景观。消费者对著名设计师的追求就如同对品牌的追求一样，他们的消费往往不是建立在对设计品质的要求上，而是建立在对设计师及设计团队“名字”的消费上。

③符号化设计的影响

在消费社会中，环境设计被作为商品生产和消费，其符号价值是消费的主要内容。对符号象征的追求，一方面产生了图像化的标志性建筑或景观，另一方面，环境设计也成为大众可以解读和消费的符号，为现代消费提供了动力，推动了环境设计的多样性和风格化的发展。但是，环境设计导致空间设计的符号化和设计师的符号化，给社会也带来了设计和消费的异化，如今我们看到不少的“概念性”设计和“形象工程”，即在设计当中对于“形象”的过度关注而忽视设计的其他功能和价值的工程，有些设计甚至将符号的模仿和拼贴当成了最稳妥和常用的手段，夸张、具象的造型是一种对消费社会的回应，但是这些设计并未充分考虑设计与周边环境的对话和文脉的表达。

著名建筑师是文化产业的产品，它将个性与创造力抽象化为品牌符号，通过大众媒介的操控而非创造力本身获得价值和认同，是对精英性和先锋性的消费，通过学术机制把符合自己利益的趣味系统合法化，从而构成符号权力[①]。著

---

① 华霞虹 . 消融与转变：消费文化中的建筑 [D]. 上海：同济大学，2007：183.

名建筑师的设计风格成为一种象征符号，这就代表着设计风格带有个人的思维模式，具有一定的稳定性。在国际化合作的时代，越来越多的设计师和设计事务所在全球范围内获得认可。不可否认，优秀的建筑对于提升国家形象和地位起到一定的作用，但有些项目使得空间缺少了特定地域的归属感。这是由于跨国项目最终体现的更多是设计的“品牌特色”而非地域特色。

对“符号”的过度生产和操纵，致使人们在无限的符号世界中逐渐迷失方向。大部分景观和建筑成了资本与权力的符号象征，导致其功能与形式的分离。

（2）瞬态化的设计

①“瞬态化”的环境设计

20 世纪 50~60 年代美国消费社会整体兴起的背景下，美国通用汽车公司总裁斯隆和设计师厄尔提出了“计划废止制”，这种制度表现在三个方面，即功能废止、样式废止和质量废止。虽然这种策略造成了严重的资源浪费和生产垃圾，但是它刺激和满足了消费者求新求异的消费心理。面对当时复杂的市场诉求，这种制度从销售状况来看，取得了巨大的成功，使得它在全世界范围内获得推广。在这种消费文化的刺激下，消费者对设计产品越来越容易产生心理厌倦和审美疲劳，生产者加快产品更换的频率，缩短产品的使用周期，加速了消费文化的流行。美国未来学家阿尔文·托夫勒在《未来的震荡》一书中提出“瞬态”的概念，他认为人们“同单一物品保持相对长久的联系的这种情况已经结束了，取而代之的是在一个短的时期内同一连串的众多物品保持联系。”[①] 也就是说，我们与周边的人、事、物和环境的关系在持续时间上缩短，甚至形成一种“即用即弃”的消费观念，未来的人将会身处于一个“瞬态”化的社会当中。在环境设计领域，这种样式和质量废止制度也逐渐成了一种行动纲领。对于环境来说，地理学意义上的空间有限，而地理意义上空间的不断开发，导致资源和空间的关系日益紧张，与此成为鲜明对比的是，时间因素在资本积累的过程中发挥越来越大的作用。就消费角度而言，既然环境空间具有商品的属性，那么消费者对于时尚与潮流、身份与地位的要求也体现出来。在环境设计中“瞬态化”的设计也成为一种普遍的现象。

“瞬态化”景观和建筑在空间和时间上保持着高度的灵活性和可塑性，日本著名建筑师伊东丰雄提出了建筑的“临时性”概念，认为建筑应作为消费文化的万花筒而同步地反映瞬息万变的时尚。[②] 城市中的楼盘销售处、可移动报

---

① 阿尔温·托夫勒. 未来的震荡 [M]. 任小明，译. 成都：四川人民出版社，1985：55-56.

② 季松，段进. 空间的消费：消费文化视野下城市发展新途径 [M]. 南京：东南大学出版社，2012：194.

刊亭及厕所等“即时性”临时建筑能够快速适应消费社会的节奏变化。我们对瞬态化景观和建筑的直观感受应该来自于各种会展的临时建筑。

在现代生活中，文化的多元化形成了室内风格的多样性，在大众传播的努力下，媒体和广告的大肆宣传让一波波“新时尚”进入到消费者的视野中。德国社会学家西美尔认为时尚的本质就是由“强调现在”来“强调变化”。因此，“时尚”让消费者形成了一种“快餐心理”，而这种“喜新厌旧”直接体现在设计师对于硬装和软装的设计风格的不断更替之上，也表现在家具产品的不断更新换代之上。

②瞬态化设计的影响

瞬态化的设计是一种“有目的地制造短暂性”的设计，它在满足人们越来越灵活多变的消费需求的同时，带来的消极影响是在不同程度上对环境和消费者都造成一种负担。在这种模式中，由于设计的生命周期缩短，给社会和环境带来的直接影响就是自然资源和社会资源的极大浪费与破坏，产生一系列的环境问题。对于个人来说，不断涌现的“时尚”，刺激了消费者的神经，造成了消费者的经济和心理压力，最终也导致了消费的异化。

第三节　关于环境设计的可持续性消费

一、当下环境设计消费观的伦理反思

消费社会是工业社会之后人类社会发展的一个新阶段，它所形成的消费文化产生了世界性的影响。不可否认，在消费文化的语境下，追求经济效益是社会发展的重要目标。因此，此时的设计也出现了明显的生产——消费的烙印，即设计以消费作为目的，并为消费服务。

空间的生产和消费是促进社会发展的重要因素，环境设计作为一种对空间的消费，它表现出来的符号化、瞬态化的特征是对消费文化中消费观念的回应。同时，设计反过来对消费观念也起着导向作用。讨论环境设计中可持续性消费的必要性首先要从消费文化冲击下的环境设计表现出来的消费异化开始认识。

1. 从自主导向消费转变为他人导向消费

环境设计中的消费异化首先体现在消费者的消费方式由自主导向消费转变为他人导向消费上。在物质条件相对匮乏的时期，人们以个人意愿为主进行消费，消费的目的主要是满足个人的需要。伴随电视、广告、网络等媒体相继普及，现代传媒通过制造流行和时尚对人们的消费态度和观念带来潜移默化的影响。在这种情况下，消费者容易忽视真实的消费需求，对设计的消费往往落入了商业圈套之中。

2. 从物的消费转变为象征性的消费

当下空间的使用价值不再是人们的唯一需求，对于使用价值之外的体验与享受、身份与地位、品位与格调的象征意义的消费成了一种新的生活方式，并以自我价值的实现和认同作为消费活动的目标。消费者日益增长的欲望和欲求，往往超出消费者自身实际的经济能力。这种象征性和炫耀性的消费观念直接体现在对于“符号”的消费和“时尚化”的消费当中。而这种追求表面的形式符号的审美，形成了一种以资源大量消耗为基础的物质空间增长方式，这种消费让人们将“可持续”设计观和消费观远远抛在脑后，同时也无法掩盖因收入差距而形成的社会分层和社会仇富心理。

二、环境设计中的可持续性消费模式

在当代环境设计的理论和实践中必须坚持一种立足于国情的可持续发展的设计伦理和消费观念。传统的消费模式是一种粗放浪费的经济发展模式，它以过度消费为主要标志。实际上，高消费、高浪费的生活方式并不代表着快乐与和谐。在资源和环境日益破坏的今天，可持续性消费模式一方面考虑到了人对于自然环境的依赖性和自然环境对人的制约性，另一方面考虑了消费对于促进经济发展的社会功能，因而树立一种健康的消费文化。提倡可持续性的消费模式，有利于实现人、自然与社会的协调发展，是环境可持续发展的基本保障。

1. 适度消费

亚里士多德认为：“过度和不足乃是恶行的特性，而中庸则是美德的特性。”[1] 中国儒家思想也提倡“中庸之道”，孔子曰：“中庸之为德也，其至矣乎！民鲜久矣。”意思就是将“中庸”作为最高道德标准。“中”即折中，无过也无

---

① 北京大学哲学系外国哲学史教研室.古希腊罗马哲学[M].北京：生活·读书·新知三联书店，1982：328.

不及，“庸”即平常，由此看来，人的行为要做到恰如其分，应把握一个“度”。

“适度消费”要求消费不超前，也不落后。“超前消费”超出了人的基本需要，单纯将“奢侈”“时尚”等作为目的，导致挥霍无度，奢侈浪费，消费与合理需求相背离。当前，各大城市不断新建高档豪华的商业设施和住宅，看似经济繁荣的背后，实际上不少是“金融泡沫”。宏观言之，这种高消费与当下的生产条件和水平并不匹配，创造“物质乌托邦”成了环境建设的主要目标。“落后消费”是一种节约型消费，甚至是一种禁欲主义。这种消费模式虽然减少了消费中的物质资源消耗，但不利于生产力的提高和经济的发展，同时抑制了人的需求，降低了生活品质，不利于人的身心健康和个性发展，因此也是不现实的。对于社会来说，适度消费是消费水平要适应环境与资源的承载能力，并适应生产力水平和经济的发展水平；就个体而言，适度消费意味着消费者对自身经济能力的合理评估，不能远超出个人的实际支付能力和个人生理的限度。

2. 绿色消费

1994 年奥斯陆国际会议将绿色消费解释为：在使用最小化的能源、有毒原材料排入生物圈内的污染物最小化以不危及后代生存的同时，产品和服务既要满足生活的基本需要又可使生活质量得到进一步的完善。[①] 环境设计的绿色消费应该包含以下方面：①在消费对象上，消费者应当选择尊重自然、保护生态系统的“绿色商品”（生态建筑、家具等）；②在消费的过程中，开发商和施工单位要注意对建筑材料的运用和垃圾的处理，尽量做到循环利用，将消费过程中的废弃物资源化，减少环境污染，确立一种通过最小成本追求最大经济和生态效益的经济模式；③在消费观念上，政府和企业要重视大众的绿色消费教育，引导大众的绿色消费行为。

当下国家低碳发展战略对于绿色、环保的极高关注度并未改变绿色消费在现实中的骨感。以绿色地产为例，从开发商视角而言，绿色地产的成本和技术要求较高，而目前的技术仍不够成熟，所以绿色地产项目较少。另外，当下消费者大多希望用最少的钱买到最多的面积，而非将更多的费用花在绿色消费上。“买家不愿意为绿色地产多掏钱，而商家也不愿费劲研究绿色地产”是目前绿色地产的现状。然而，由于写字楼等商业建筑大部分用于出租，绿色技术能降低运营成本，绿色地产在写字楼和酒店采用绿色技术的比例较高。当然，我们可以借鉴外国绿色建筑的发展经验，比如新加坡的绿色建筑市场“强制 +

① 刘敏 . 绿色消费与绿色营销 [M]. 北京：光明日报出版社，2004：63-86.

激励”的管理方式和“世界 + 地域”的技术方式，强调公众的互利和责任意识，企业也能通过积极发展绿色建筑树立良好的形象，多方协作能够促使绿色建筑市场健康转变与发展。

3. 分层消费和公平消费

分层消费是根据消费指标形成的不同层次的消费行为，从中体现不同的消费群体对社会资源的占有情况。消费分层是社会分层在消费领域的延伸与体现，本质上是社会资源和消费机会在不同消费群体中的分配及分配方式的差异。不同的社会阶层有不同的消费方式，不同的消费方式反映了特定的社会阶层。[①] 消费分层是社会进入消费社会的必然结果，而大众消费时代中的“符号化”“象征性”消费是人们追求身份认同、张扬个性的消费表现，它加剧了消费的分层。

消费分层在一定意义上体现出了社会的进步，有利于丰富社会文化和优化社会结构，但是它也带来了一些弊端。并不是所有的分层消费都有利于促进市场经济的发展，因此，衡量消费分层是否合理的标准就是消费的公正性。

公平消费体现在两个方面：一是消费制度的公正性，只有当制度对消费进行规范，才能使社会资源和公共物品得到公正的分配，满足不同消费层次的消费者需求，从而保证和谐社会秩序。例如，我国各地制定了保障房管理政策，规范经济适用房、廉租房等保障性住房的环境建设，对解决低收入家庭住房困难具有积极作用。二是承认消费分层，并保持分层差异的合理性：一个国家和社会不可能没有社会群体的差异，贫富差距必然存在，但贫富差距必须控制在合理范围，避免两极分化，确保不同阶层的和谐发展与共生。

---

① 何小青 . 消费伦理研究 [M]. 上海：生活 · 读书 · 新知三联书店，2007：236.

第七章　环境设计伦理的行为维度

汉斯·约纳斯通过重申责任伦理，提出“善”已经由个人道德行为转变为社会责任与法律义务。不但扩展了伦理学的研究范围，极大地促进了环境设计伦理的发展，而且对可持续发展、生态哲学、全球化问题的解决都提供了重要的思想资源[①]。

第一节　环境设计伦理的企业行为维度研究

一、环境设计中的企业行为分析

1. 企业与企业行为

对企业的研究始于新古典经济学，认为企业是完全理性的经济人，是投入与产出的转换器，并假设企业的唯一目标是利润最大化。国内对企业作了以下描述：从事生产、流通等经济活动，为满足社会需要并获取盈利进行自主经营、实行独立经济核算、具有法人资格的基本经济单位。[②]环境设计中的企业包括各建筑规划室内设计院所、建筑施工企业，以及投资开发商。企业行为是指各企业在环境空间设计与建造中的决策与经济活动。

2. 环境设计中企业行为的伦理诉求

目前，企业面临的最大伦理矛盾即“利”与“义”的冲突。“义”是中国伦理学中的常见范畴。有三种含义：一是道义，即道德精神；二是公义，即公共利益；三是正义，即合理法则。中国古代学者认为“利”指的是利益，但对利益有两种类型的解释：一是指公共物质利益，二是指个人私欲。许多企业在获取最大利益的同时忽略其中的伦理道德，即“义”，对“利己”的追求造成了相关设计行业发展秩序的紊乱，这一方面导致设计水平和工程质量得不到保证，另一方面造成对生态环境的破坏。

1）生态诉求

环境建设行为是人类对自然环境主要的扰动之一。我们建造人工环境的材料和能源都来源于自然，同时又作用于自然环境，因此对生态资源的索取和破

① 汉斯·约纳斯. 技术、医学与伦理学：责任原理的实践 [M]. 张荣，译 . 上海：上海译文出版社，2008：5.
② 中国企业管理百科全书 [M]. 北京：企业管理出版社，1984：1.

坏是其最突出的问题。从哲学角度看，目的与手段具有统一性，目的决定手段，而手段为目的服务。环境设计通过人的思维活动展现其目的性，这个项目为何而建，这样的方案是不是符合并适应社会的发展等问题，都说明环境设计是一项具有伦理性质的活动。因此，企业在逐利的同时应以社会的可持续发展为目的，将价值理性与工具理性相结合，采取对自然最小干扰和有利于自然生态系统繁盛的方法与手段体现对人类发展的终极关怀。

2）文化诉求

环境营造是人为对空间进行改造，它与社会发展的文化因素密不可分。本质上表现为一种社会伦理精神，这一伦理精神蕴涵着历史文化的传承与“新文化”的生成。这就要求企业应该承认和尊重设计的“地域性”和“差异性”，创造出属于自己民族的独特环境景观和建筑。

二、环境设计中企业行为的伦理问题

1. 环境伦理的问题

环境设计中的企业对环境价值应该是敏感的。从实践上看，环境问题的产生主要源自企业的工程活动，包括对工程的选址、工程材料的选择与运用，以及对工程废弃物的处理与安置，其中工程材料的选择对生态环境的影响最为直观和明显。以建筑行业为例，新的建筑材料以及废弃物，对环境可能造成的光污染、水污染、粉尘污染和有害气体污染是我们不可回避的问题。另外，当今全球城镇化进程的加速缔造了一个个的超级都市，但是，在大兴土木的同时，人们却很少想过这些模式是否合理。对于建筑行业来说，现有建筑模式和建材所带来的巨大污染和大量建筑物是亟待解决的问题。怎样尽量减少甚至消除这些污染？如何改变千篇一律的城市形象，根据各地的气候、风土等因地制宜地进行建设？值得我们进行伦理思考。

2. 社会伦理的问题

近年来，工程活动所造成的环境污染、工程安全等问题层出不穷，人们开始对企业的行为进行质疑，并将矛头指向了企业的利润最大化动机。民众对于“企业的社会责任”的诉求越来越强烈，米切姆认为：“既然关于技术的伦理争论也许最通常的是用责任这样的字眼来讨论，那么从工程的角度来考虑这种讨论也是适当的”。[①] 由于环境设计涉及工程活动，因此具有复杂的伦理诉求。工

---

① 朱勤．米切姆工程设计伦理思想评析[J]．道德与文明，2009（1）．

程活动中所要运用的技术本身并无善恶，技术本身并不会对其结果负责，善恶后果应当由运用者负责，在这里也就是由企业或个人负责。

哈里斯在《工程伦理：概念与案例》一书中提到了三种责任：义务责任、过失责任和角色责任①。义务责任指的是企业或职业人员运用专业知识和技能对客户和公众所提供服务的义务，可视为主动的责任概念，也是我们所指的“职业道德”；过失责任指的是将过失归咎于企业或者个人，是一个被动的责任概念；角色责任包含主动和被动两个方面，涉及的是管理角色或个人，即企业或个人有责任和义务确保按照标准进行项目的实施，如果没有按照规章制度实施项目，那么负有责任的人将受到责备。

环境工程活动是人类改造自然，为自身创造环境物质条件的过程，所运用的材料、能量都来源于客观的物质世界，是运用客观事物，通过客观规律所完成的活动。由于工程活动的客观性，该过程呈现出诚实的本质，正如米切姆等人所说：“‘诚实的工程’几乎是画蛇添足——如果工程不是诚实的，那么，它就不会是真正的工程了。”②但是，工程又是一项人类活动，它受控于人，反映出人与人之间的一种社会关系，具有很强的经济行为的属性。

一方面，环境工程项目应当以尊重人的生命、健康、尊严和情感为出发点，在工程设计的过程中，恰当地平衡工程安全、社会发展与企业利润的关系，以实现对人类的关怀和尊重；另一方面，只有在工程设计中秉持着尊重自然、尊重他人的原则，方能达到多方共赢。

企业社会责任作为现在的伦理理念，可以促使企业逐步形成一种道义品质，防止因追求利益最大化而做出侵害社会利益、破坏社会环境的事情。

三、企业伦理规范构建

1. 将企业利益与环境责任相结合

从人本主义的角度上看，企业把追求盈利当作目标这无可厚非，企业有权利使用公共的自然资源，但也有义务对社会的可持续发展负责。因此，企业行为的核心在于协调个别利益和公共利益。要将企业利益和环境责任相结合，企业就要重视以下方面：

---

① 哈里斯，普里查德，雷宾斯．工程伦理：概念与案例[M]. 丛杭青，等，译．北京：北京理工大学出版社，2006：17.

② 李世新．工程伦理学概论[M]. 北京：中国社会科学出版社，2008：136.

（1）尊重自然，善待脆弱的环境。在一个生态的世界里，万事万物都是相互联系的，企业的效益增长不能以降低环境的质量作为代价，面对脆弱的生态环境，企业要认识到生态定律所施加的限度，要树立节约的观念，不应该肆意地开发或利用资源。我们只有爱护并尊重自然界，才能为我们自己创造一个良好的经济环境。

（2）企业活动不能损害他人的利益。企业在生产活动中，对空气、河流以及土壤的污染和占用，会对环境和周边的民众带来利益的损害。这些损害常常是由与企业无关的人们来承担后果。在经济效益和环境效益相矛盾的情况下，应该优先考虑环境效益。

（3）遵守国家环境法规，加强对员工的环境伦理教育。企业要自觉遵守环境保护的相关法律法规，对环境污染采取积极的预防措施和处理对策，对于企业员工应该进行正确的价值和信念的指引，内部建立监督体制，使道德制度化。

2. 增强企业的社会责任意识

德国的经济伦理学家彼得·科斯洛夫斯基曾经提出“人的最强的和最好的动力相互处在一定的关系体中，因为最强的动力并不总是最好的，而最好的往往动力不强。”[①] 其中，“最强的动力”和“最好的动力”分别指代经济和伦理。对于企业来说，追求利润最大化就是最强的动力，积极自觉地履行社会责任是最好的动力。“最强的动力并不总是最好的”是指追求最大化利润所带来的诸如环境污染、不正当竞争等一系列负面效应；“最好的往往动力不强”是期望依靠企业自身的伦理自律而放弃一定的经济效益，恐怕不具备长久的可能性，显然是不够强而有力的。因此，要让企业担负起社会责任，必须让这两种动力达到一种和谐的状态。

企业对社会的具体责任主要包括：①在从事环境项目的过程中，企业应当秉持诚实守信、公正无私的原则，要凭借自身技术与工程管理的竞争实力，处理好各方利益，维护良好的市场秩序和经济环境；②设计项目应该以人为本，严格保证工程项目的质量，把公众的安全、健康放在首位；③在保证使用、安全等基本功能的基础上，设计充分考虑人的行为特征和心理需要，满足大众的精神需求。

3. 加强企业设计团队的管理与人才培养

大多数环境设计企业都是以团队的形式来协调和完成设计项目，而设计人才是设计企业中最活跃、最重要的因素。良好的团队管理和人才管理可使设计

---

① 彼得·科斯洛夫斯基 . 伦理经济学原理 [M]. 孙瑜，译 . 北京：中国社会科学出版社，1997：14.

团队提高工作效率和质量，全力实现设计目标，将项目有条不紊地向前推进。注重设计人才的培养，就是要明确在设计行为中，设计者要不受私利的影响，充分考虑环境工程活动所产生的社会和环境影响，作出正确的价值判断。

第二节　环境设计伦理的个人行为维度研究

一、环境设计中设计师的伦理行为

1. 设计师的伦理责任

“责任意识”源于社会分工和角色分化，它伴随着人的自觉领悟和社会交往的发展而不断增强。古希腊哲学家伊壁鸠鲁主张，我们具有行为自由权力的同时需要承担褒贬责任。柏拉图在其理想化的国度中，将人类分为不同的等级，并赋予各自不同的责任和义务。亚里士多德强调了责任与知识之间的紧密联系，并对“自愿行为”和“非自愿行为”进行了深入研究。而康德则认为责任是超越理性之外的东西，这个领域是理性知识无法到达的，因此只能存在于人的良知和直觉当中。近现代以来，马克斯·韦伯提出了“责任伦理”，并认为责任伦理也需要“善”的动机，汉斯·伦克则对责任的概念、性质以及类型作了进一步系统分析。如果说以上的“责任”体现的是人与人、人与社会之间的关系，那么直到20世纪产生的生态伦理与环境伦理，就将“责任”与大自然联系在了一起。代表人物和理论有施韦泽的敬畏生命伦理，利奥波德的大地伦理，保尔·泰勒的生物中心论等。由“责任”的内涵和对象的演变我们可以看出，伦理责任是人在不同情境下对行为进行引导和约束。责任意识就是要把抽象的伦理价值变成具体行为的责任义务。而对环境生态的责任关注，是伦理行为维度的新层次。这些都为“设计师的伦理责任”提供了理论依据。

环境设计伦理的产生是由于设计不同于其他职业，它是一种理性与感性、科学与艺术相结合的创造性活动，职业的特殊性决定了设计师的伦理责任具有自身的特点。汉斯·约纳斯在其具有开创性的著作《责任律令》中，从职业伦理规范的角度对设计师的社会责任进行了深入研究，认为技术活动必须以人类和自然的未来为己任，绝不能偏离伦理学的范畴。维克多·帕帕奈克也提出了

"负责任的设计"。"责任"和"负责任的设计"在帕帕奈克的设计伦理话语中频繁出现，他强调对"用户""社会"和"环境"的道德责任。因此，设计师的责任是在设计活动中自觉承担起对利益相关者、社会和自然的道德责任，环境设计师在设计过程中的主要责任集中在以下几个方面：①设计师对自然的责任；②设计师对文化传承的责任；③设计师对社会大众的责任；④设计师对业主的责任。

2. 对设计师职业行为的反思

随着社会的进步和社会分工的不断细化，设计师的地位不断发生着转变。1949年，工业设计师雷蒙·罗维成为第一位被美国《时代》周刊作为封面人物所采访的设计师，这也证明了设计师开始受到社会各界的关注，并且得到了社会的认可和尊重。在设计师地位得到稳步上升的同时，社会对于设计师所寄予的期望也越大。设计师所扮演的角色不再仅是设计者、策划者，而是转向了文化的传承者、新生活的倡导者以及设计的批评者。

1）设计的态度

"态度"的研究历程呈现出由生理到心理层面的转变。18世纪初期，"态度"最初表达的意义是"适合性""适当性"，指行为或心理的准备状态。到19世纪初，社会科学家相信环境和习俗塑造了人类行为，此时"态度"用于指代一种心理品质。19世纪晚期，心理学家奥尔波特认为态度是身体动作和肌肉运动反应的表现，并把态度界定为一种心理状态，这种心理状态必须通过行为来推断。根据艾葛莉和差肯的观点，态度只在个人对实体作出评价性反应时才能形成，并揭示出态度评价与情感特征的关联。斯宾塞和贝恩将态度视为一种心理概念。由此，"态度"的内涵从身体和生理层面延伸到了内在的心理层面。

事实上，关于"态度"的研究是社会心理学的范畴，对"态度"的定义也很多，通常我们把它具体看作主体对某物的认知和情感倾向。心理学家对态度的定义主要有"三元论"和"一元论"之分。大部分心理学家认为态度结构由情感性、认知性以及行为倾向性构成，连接外部刺激和个体反应，个体随着态度的调节而作出不同的对外部刺激的反应。在"一元论"中，评价作为态度的首要因素，只在个人对事物作出评价性反应后才能产生态度。总之，态度的产生受到人的文化、认知以及价值观等多方面的影响。

在艺术领域中，"态度"最先表示的是绘画作品或雕塑作品中人物外在可见的姿势或姿态，与人的精神状态无关。其实，身体上的姿态是为了达到交流的目的。随着艺术史的发展，"态度"表达的是艺术家在进行艺术创造时的一种立场，由一种传统的对身体的表达转换成了一种心理的状态和行为的倾向。艺术教育学者莫里斯认为艺术态度是对艺术对象的一种具有情感倾向的价值系统。艾伯斯在包豪斯任教时也反复强调他对艺术的态度，认为艺术的出发点应该是观察和探索，而不仅仅只是美化装饰。

环境设计不同于艺术，设计师相对于艺术家而言，对社会具有更大的责任。将设计作为一种“态度”是现代设计教育奠基者拉兹洛·莫霍利·纳吉提出的观点。在20世纪20年代商业主义的文化语境下，他主张“设计不是一种职业，而是一种态度”，并把设计当作一种社会活动，认为设计不仅是一门技术或一项职业，还是一种生活方式、文化方式，表现出了他对设计和设计师的本质思考，成为当时设计伦理观引导的另一个方向。

设计师态度的形成是一个复杂的过程，复杂的认知过程作用于设计师的行为表现。如今令人眩晕的商业运作模式渗透到大众生活的几乎每一个层面，环境设计对自然环境和社会生活的干预越来越多，其影响力也越来越深刻，设计所要承担的责任也随之增加。当新的社会伦理道德尚未成熟的时候，设计师的职业道德成为人们关注和争论的焦点。在这样的社会背景下，设计师确实接受着外部环境和自身的考验，也面临一些困境。因此，设计师应当时刻保持价值敏感和自我警觉，到底应该用怎样的态度对待现实的世界是环境设计师需要深思熟虑的问题。

2）“设计态度”的转变

设计师态度的转变就是设计师价值观以及设计行为的转变，因此追溯设计发展史对探讨如今商业环境下设计师的态度是十分必要的。

19世纪以来，一些著名设计师的态度能具体表现出现代设计的价值取向。早期从威廉·莫里斯到格罗皮乌斯，始终把自由民主和文化进步作为设计的主要关注方面，而对于资本主义商业却抱有审慎的态度并保持着距离。当早期现代设计以包豪斯的完结而落幕时，美国工业革命发展出一种迎合市场消费的设计态度，它的目的主要在于促进消费和经济增长，而忽视了伦理道德的导向作用，这样的思想一直延续至今。因此，我们要从历史语境中，探讨“设计态度”的转变，为如今设计师的伦理自律寻找合理的方向。

在现代设计的早期，设计师的理想就是解决社会问题。一方面，由于机械生产的出现，世代相传的手工艺遭到忽视，批量化的设计和制作占据主导地位，玩弄技术和浮夸庸俗的设计层出不穷。另一方面，为了显示手工艺品价值的高贵和技艺的精湛，手工艺产品带有虚饰奢华之风，并只为少数人服务。威廉·莫里斯并不否定工业革命的进步性和生产的机械化，他反复强调设计的两个基本原则：第一，设计是为千千万万的人服务的，而不是为少数人服务的活动；第二，设计工作必须是集体的活动，而不是个体劳动。这两个原则都在后来的现代主义设计中得到发扬光大。① 面对毫无美学准则的造物方式，他提倡艺术与技术的结合，让艺术家参与设计。另外，他反对当时的中产阶级审美趣味，认为设计应该是实用与美的结合，提倡设计的简朴和诚实。

不同于威廉・莫里斯对外向社会的批判，维克多・帕帕奈克进行了一种对设计师的内省与审视，即便他的构想具有一定的乌托邦意味。二战结束后，美国商业主义的发展使得商业与设计紧密结合，消费设计方兴未艾，以惊人的速度蓬勃发展。到 20 世纪后半期，现代设计完全走在了满足企业的生存和竞争、追求经济效益的道路上，尽管以消费为目的的设计能让大众获得欲求的满足、为企业带来利益，创造出了市场的繁荣景象；但是，在有计划废止设计制下，企业资本累积的方式造成大量资源消耗。因此，当社会都在为这种经济奇迹而欢呼的时候，维克多・帕帕奈克揭示出这种制度的弊端，提出了“为真实的世界设计”的设计态度，将矛头指向设计师自身，提出了设计师的责任态度和设计道德，认为设计师要主动对社会和环境负责，应该引导和教育生产者、消费者，并最终为他们服务。维克多・帕帕奈克的《为真实的世界而设计》《绿色律令：为真实世界的自然设计》等著作，无不反映出其对设计与自然所持的态度。

然而到 20 世纪 70~80 年代，对消费设计的质疑声又逐渐消失，大众文化与消费文化的结合让多元化、个性化的设计流派盛行。在后现代主义风格的设计中，孟菲斯设计团队无疑是影响西方设计潮流的一股力量。他们认为设计是感性的，因此不存在一个固有模式，其开放式的设计态度与以功能为主旨的现代主义设计理念形成鲜明对比。在远离功能主义和道德法则的条件下，充分抒发个人的设计情绪。如此强调个性化导致设计不能进行批量化生产，价格也是那些追逐潮流的人才负担得起的，形成了一种“小众化”的设计。因此，也有反对者认为孟菲斯的设计是一种“文化冒险”，会混淆大众的真正需求和价值判断。

然而，不争的事实是日益精细的社会分工和市场定位，使得所有设计参与者都有各自的需求和利益，也拥有各自独立的社会角色和身份认同。设计师向“商人”甚至“明星”转变的趋势也发人深省，如今设计师伦理责任所面临的

---

① 王受之 . 世界平面设计史 [M]. 北京：中国青年出版社，2002：82.

问题不仅是设计作品够不够道德，而在于设计行为是不是恰当。因此，作为设计师，做到伦理自律就显得尤为重要。

3. 设计师的伦理自律

1）设计师对自然的责任

设计是要解决一些现实问题的，当环境问题来临时，人与环境如何维持最恰当的关系是作为环境设计师需要重视的问题。后现代生态主义对20世纪初出现的生态危机进行了哲学反思，认为生态危机的出现是源于设计师对机械美学和科学工具主义的崇尚，生态设计的出现对单一、教条的现代主义设计观进行了超越。环境设计运用“生态设计”或“绿色设计”的理念，需要从系统的角度看待人与城市、人与建筑的关系，最终实现环境、社会、文化之间的协调发展。

设计师实现生态设计的目标应遵循“实用、经济、美观”三大原则，“实用”就是保证人造物的功能性，这是人们最基础的需求；“经济”需要降低生产成本、延长其使用的生命周期；“美观”则是人们对审美上的高层次追求。生态设计是以生态模式为基础的艺术范式，但詹克斯则认为实用与美观无法形成统一，“好的生态建筑使用的目的，它也只能就此而已，它不会同时实现其美学价值，只有当它独立于这样的需要之后，它才可能产生美。但是它不可能绝对独立于使用目的，因为从本性上讲，它总是一次又一次地回到使用目的上来。”① 这确实是“实用”与“美观”的冲突所在，但是从伦理的高度来审视，为了完善价值的需求，“美”也是必要的价值，美也具有功能。因此，在环境设计领域，一个可持续的环境设计项目需要满足功能上完善、生态上健康、经济上节约以及视觉上美观等多重需求。

例如，中国美术学院象山校区的环境设计，将校区建造成为一个“山水中的家园”。既尊重了自然环境，又将历史遗物在象山校区的设计中进行循环利用，通过视觉设计将周边自然环境中的山、水等景观巧妙地与建筑联系在一起。满足了使用者视觉审美的同时，还向人们表达了建设节约型校园的生态观念。

2）设计师对文化传承的责任

在全球文化融合的今天，每一个设计师都在文化中工作②，设计不可避免地受到了世界各地文化传播的影响。环境设计作为一门新兴学科，是一种具有强烈地域性特点和民族性特征的综合艺术门类。我们所提倡的环境设计应反映

① 陈喆．建筑伦理学概论[M]．北京：中国电力出版社，2007：12.

② 王丽之．全球化时代中国设计的发展趋向[J]．中国集体经济，2008（13）：125-126.

出设计师们对于中国本土设计文化的传承，不是片面地照搬传统符号，不是重新组合传统样式，而是要立足于本民族文化内涵，抓住其精神特质来设计。此外，怎样将全球化的文化挑战转化成传承文化的契机，也已成为设计师们无法逃避的责任。

3）设计师对社会大众的责任

在市场经济推动下，大部分设计师在为具有一定消费能力和社会地位的人服务，缺少对低收入人群、老年人以及残疾人等弱势群体的服务。“公正”意味着我们在环境设计中，不分性别、年龄、阶级、地位等平等对待每个人。如今，空间环境的资源分配正接受着考验，设计师应当从专业角度出发，首先保证环境工程活动的安全性，其次做到为广大人民服务，关注社会弱势群体，避免设计产生等级差异的心理暗示，为社会公正作出积极尝试。

4）设计师对业主的责任

设计师受雇于业主，设计出一个功能合理、造型优美、令业主满意的方案是其本分。但在巨大的商机面前，甲方的急功近利往往使设计师难以沉浸在专业领域里。设计师只是匆忙迎合着甲方“不科学”的委托，更谈不上引导大众的道德生活。

设计师在市场中扮演怎样的角色是一个耐人寻味的问题，设计师（工程师）与业主的关系，可以归纳为以下几种：①代理关系：认为业主具有决策的大部分权力和责任，设计师只是按照业主的指令办事；②平等关系：设计师与业主之间的关系是建立在合同基础上的，只要达成了共同协议，那么双方都负有责任和权利；③家长式关系：业主由于缺乏相关专业经验，因此只要是有利于业主的行动，都可由设计师决定，无论业主是否同意；④信托关系：既承认设计师的职业水准，又承认业主的决策权力和责任，双方都具有话语权，并都对对方的判断加以尊重。普遍认为设计师与业主的关系最和谐的应当是信托关系。诚然，当面临业主的利益与社会利益发生矛盾时，设计师确实处于进退两难的境地。但出于责任，设计师有义务在不损害业主根本利益的同时，对业主表达自己的建议，积极与业主沟通，提出改良措施，为社会提供更具价值合理性的环境设计方案。

4. 设计师伦理自律的意义

1）让环境设计更好地回归人性

孔孟提出的“仁者爱人，民为贵，君为轻，社稷次之”[①]，是中国传统文化的精华，西方文艺复兴的启蒙运动将人本主义提到空前高度，中国与西方都体

---

① 孟子译注 [M]. 杨伯峻，译注 . 北京：中华书局出版社，2019：363.

现出人本思想是社会文明的一项标志。“以人为本”的思想已经成为社会的主流价值观，人性化设计理念也渗透到环境设计的各个领域。设计动机由“人”出发，又让设计结果回归到人性当中。

著名景观设计师诺德吉尔与冯伊娜在斯德哥尔摩的沙巴兹伯格医院设计了一座“感官花园”，旨在促进患者记忆力的恢复。花园里种植的是病人所熟悉的花卉，有利于他们回想起曾经历过的事情。有些植物具备一定的药用功能，疗愈景观中的蔬菜和水果在不同的季节为人们带来不同的视觉和嗅觉刺激，建筑围合的院落具有充足的阳光，让病人情绪得到舒缓。随后，两人合作设计的哈加“康复花园”又巧妙地被分成几个空间，以模仿从休憩到活动状态的演变过程。在这里病人可以选择在吊床上休息或坐在躺椅上听身边的流水声，也可以从事园艺活动或是利用植物材料进行艺术创作等。整个环境都是病人或相关护理人员需要的绿洲，同时也宣传着绿色自然环境的疗愈作用。因此，设计师的伦理自律强调的是自觉地实现人的价值和人的权利，从而尽到人性关怀的责任。

2）“事先设防”与“事后补救”

在设计活动中，设计师对它的主观期望、价值表达与实际后果可能不会达成一致，即设计成果不符合设计师的意图，而且，设计结果可能会不同于或者超出设计师预先的构想，我们可以称之为行为的外部性，也就是说外部性或许能让人受益，也有可能让环境受损。美国社会学家默顿提出一种行为的后果是由其所具备的“功能”决定的，其中主要有显功能、潜功能和反功能，这对评价设计行为很有启发。“显功能”是指参与者所预期和认可的后果，“潜功能”是指参与者未曾预料而忽视的后果，“反功能”指的是一种与设计者预期相反的负面效应。正是这种行动结果与预期之间的非对称性，要求设计师在设计全过程中，应以整体思维方式和价值敏感意识展开设计活动，以生态安全和综合效益等多维度的衡量措施，多角度、多方面地对设计进行事先考虑，应尽量减少和避免不合理的设计所造成的损失，做到“事先设防”，减少设计的“事后补救”。

二、环境设计中消费者的伦理行为

消费观念作为影响生产力发展的因素渐渐进入人们的视野，关于消费的研究多集中于它的“经济价值”。进入 20 世纪后，西方发达国家消费主义风靡世界，加之环境危机及其他社会问题层出不穷，消费不仅仅被人们视为一种经济现象，也视为一种伦理现象。在环境设计中对消费者的行为进行探讨，其目的是健全消费者个人发展以促进社会的和谐发展。既然设计的目的是为人们美好的生活服务，它就要满足消费者的基本生理需要和心理需求。因此，消费行为能反映出对人居环境的功能追求和其他更高层次的价值追求。

目前，对符号的消费已经成为当代社会的主导性消费方式，意义以及象征着这种意义的符号成为消费对象的实质性内涵[①]。消费者的价值观念常常忽视对自然的尊重和对社会的责任感，导致了消费的异化。在这个消费决定市场的背景下，不少环境设计为了迎合消费者的口味而缺乏价值理性，而我们将要面对的是来自生态和人文方面的双重危机。由此，每个消费者都应该提升自身价值观，做到“绿色消费”与“适度消费”，树立一种生态型的消费观念，把伦理观融入到我们的现实道德生活当中来，这才能使环境设计伦理不仅仅流于理论层面。

① 何小青 . 消费伦理研究 [M]. 上海：生活 · 读书 · 新知三联书店，2007：3.

结语：基于『差异承认』的环境设计伦理

一、反思

生态文明建设是关系中华民族永续发展的千年大计，具有公共政策属性的环境规划设计既是空间资源配置的法定手段，更是实现正义的载体。因此，系统研究环境设计正义有着重要的现实意义。

20世纪70年代以来，关于正义研究的空间转向是新马克思主义极为重要的理论发展。列斐伏尔的“空间辩证法”、福柯的“权力空间”、布迪厄的“空间区隔”、詹姆逊的“后现代空间理论”、哈维的“资本空间论”等研究厘清了空间、资本、权力、知识之间的关系，为当代环境设计伦理的发展与应用奠定了基础。

空间处于不断生成的过程之中，合理的差异流动是促使空间发展的重要动力。罗尔斯提出了“平等原则”与“差别原则”相融合的正义观，强调最小受惠者的最大利益。艾丽斯·杨指出应尊重和承认处于不同空间的社会群体差异。索亚的“第三空间”论则建立起以差异性为价值底蕴的空间正义观。

传统的空间正义理论大多重视权益分配，而忽视了“承认有差别的平等”。霍耐特提出社会正义需立足于社会空间的承认质量。弗雷泽认为应建立一种同时容纳承认和再分配的正义理论框架。德兰提等强调“承认正义”应考虑自然生态环境和非人的存在物的规范含义。他们的观点为丰富空间正义理论提供了新视角。

当前，学者们鲜有直接构建“环境设计伦理”的理论体系，但有部分学者关注城乡环境建设中的生态正义与设计伦理问题。潘什梅尔提出环境规划须保护地域的独特性。日本学者户田清认为“精英群体”是环境设计不义的主要责任者，规划设计信息公开化、公众参与是实现环境设计正义的重要手段。加伦特认为环境设计应有利于地区经济和生态环境质量。近年来已呈现出一种趋向，即环境设计正在成为正义表达与社会创新的重要载体。

国内关于环境正义的探讨起步较晚，大多数学者偏重译介西方理论和关注城市空间正义问题，至今尚未建构符合我国国情的环境设计正义理论。

国内学者引入西方空间正义思想对中国现实问题进行思考，延伸了空间正义的时空内涵。任平、王志刚、曹现强、孔明安等结合中国境遇多维度阐释了空间正义的内涵。陈忠提出了我国社会应构建有一定张力限度的差异正义。易小明、任飞等探讨了社会公共服务的空间分配正义及其实现途径。

秦红岭提出了城市规划伦理应遵循公共利益为重、弱势群体利益为先的价值取向。蔡禾、王志红等探讨了进城务工人员城市空间身份认同的问题。

钱振明分析了中国特色城镇化走向空间正义的公共政策。魏强认为建构城市正义须处理好城市个体正义伸张与普遍唤醒的关系。国内部分学者初步探讨了将空间正义导入环境设计的必要性和可能性。黄良伟借助“时空修复”理论探究了空间分异机制。张玉提出应以城乡差异为前提，促进乡村分层化空间规划设计与环境治理。

上述国内外研究多站在“分配”正义的视角探讨环境空间问题，鲜有融合“承认正义”与“差异正义”的理论视角全面审视环境设计正义问题的。虽然对环境规划现实问题中的公正、生态等问题进行了探讨，但直接指涉“环境设计伦理”的系统性研究缺乏，而这正是本书的研究对象。

二、价值

（1）将“环境设计的社会关联”和“伦理的空间转向”进行结合，从环境设计伦理视角研究空间正义，拓宽了伦理学的研究范围。

（2）不仅关注宏观层面的空间权益分配，且更重视空间规划中的“承认差异”正义的理论体系建构，强化了中国特色社会主义正义理论内涵。

（3）尝试从主体间性出发建构环境设计伦理理论，为我国生态文明建设及和谐社会建设中的设计价值判断提供有效的理论指导。

（4）提出可直接应用于环境设计的伦理原则与方法，为相关领域规划、设计人员，研究人员，管理人员提供参考。

三、观点

1. 环境设计中“差异蔑视”是根本的非正义

新的环境伦理目标的实现往往是从社会空间图式的重新界定与设计开始的。环境设计正义是基于地域间的差异事实，从环境设计与环境治理危机的现实出发，关注地域差序格局中不同空间发展与空间设计之间的公平问题，以实现空间主体的平等自由发展和人地关系和谐。

传统的正义理论更重视空间权益分配，但空间主体间在平等基础上对差异的相互包容和认同才是更深层次的诉求，是通过相互“承认差异”的机制发生。“承认差异”就是拒绝一切形式的“差异蔑视”，且不否认空间再分配，因为平等分配的最终目的仍是消除空间剥夺所带来的“蔑视体验”。

2.“承认差异”成为消弭环境不义的理性诉求

强调多层次环境空间及其设计差异的同一性，承认把差异归于更高的同一性之中；对环境生态问题的批判亦即对空间正义的审视，生态危机看似是人与自然的矛盾，实质是人与人的矛盾；提倡通过设计重构环境空间结构及空间生产方式，彰显不同身份人群的平等及承认生态尊严。

3. 环境设计伦理的六个维度

环境设计正义被看作一个开放的体系，从空间主体间性出发，提出环境设计正义以“承认差异”范式为核心。设计话语、平等分配、差异认同和环境公平构成设计正义的精神、社会、生态、经济、审美和行为等维度。

4. 环境设计的伦理原则

①正义原则。重视间接利益相关者和弱势群体权益，反对“自利”和狭隘的功利主义设计，主张设计须为最大多数人服务。②安全原则。注重人居环境功能安全、生态安全、文化安全和审美安全等，反对“恶”之设计，推崇设计之“善”。③责任原则。关注环境全生命周期中的伦理风险与责任分担，旨在对建成环境的后果及其未来负责。

5. 环境设计伦理的三个空间范畴

环境设计正义离不开对空间范畴多维视阈的整体审视。①设计边界：须把握“边界”从物理地理意义到社会关联的心理层面的转换逻辑；②空间规模：既要将“全球化”与“身体”作为宏观与微观规模，又要在中观规模的区域、城镇、社区三个层级的空间设计体系之间寻找联系；③适用情境：聚合了空间生产过程特定情境的适用性是设计公平的应有之义。

6. 环境设计非正义源于主体话语失序

（1）分析了环境设计要素的非正义表征。权力规约下的环境空间等级化形成空间区隔；资本空间再生产对弱势群体的经济剥削，形成教育、医疗等社会服务体系与基础设施非均等化；消费文化规训下环境呈趋同化造成多元地域文化凋敝；空间物化逻辑对生态设计的操纵，忽视了社会代际正义与代内环境权。

（2）探寻设计话语与模式的关系。设计主体话语失序实质上是不同权力体系之间的博弈和空间权益角逐，差异模式是其深层驱动因素。辨析了权力话语与行政主导型设计模式、资本话语与利益导向型设计模式、精英话语与价值导向型设计模式，以及主体话语与平等共生型设计模式等四类环境设计模式。

7. 激发多元主体的平等参与是环境设计正义实现的关键

（1）建设基于承认差异的“设计伦理共同体”。处理好环境规划和地理失衡的关系须整合设计目标；化利益冲突为利益互补共生。多元的设计主体在“双向建构”中“各美其美，美美与共”。

（2）从宏观制度到微观心理的实现机制。充分激发社会多元主体的平等参与，强化设计协同机制。制度机制：健全环境规划和国土空间管控制度，是设计正义的保障基础。强化差异倾斜和生态补偿的公共政策，完善设计平等协商制度。社会机制：社会公共文化精神的塑造是设计正义实现的价值基础，亦是完善环境空间共建、共管、共享的基础。心理机制：唤起对个体空间权益的自觉，是环境设计正义实现的心理认同基础。

四、创新

当代中国环境设计伦理不同于以往的以“分配”为核心，而是以“差异承认”为核心，以地理差异为前提，承认个体平等的一种实质正义，是从宏观环境规划入手，调节不同主体的利益需求，特别注重保护弱势群体的空间权益和生态平衡，是在不同维度的整体审视及差异性语境中得以实现。

（1）提出“环境设计正义”的概念。从伦理学的角度把环境设计作为正义表达与建构的载体，指出正义是环境设计的价值前提与驱动力，其核心是平等承认地域价值与多元主体利益诉求的差异性，重视设计的参与平等，消除“以人类为中心”的设计结构惯性，有效促进多元文化共生、人与自然的和谐发展。

（2）建设“设计伦理共同体”是环境设计伦理的现实目标。主张环境设计多元主体在价值认同、差异承认、利益互补、平等共生基础上建构利益共同体和道德共同体，以消除资本和权力逻辑带来的差异蔑视。

五、方法

1. 价值敏感设计

基于“差异承认”的环境设计伦理方法，敏感于价值差异的辨析，识别直接利益相关者（Direct Stakeholders）和间接利益相关者（Indirect Stakeholders）的差异价值并协调潜在的价值冲突，承认不同地域价值与多元主体利益诉求的平等，重视间接利益相关者的价值诉求，以消弭空间使用者的“被边缘体验”。

2. 劝导式设计

强调人与环境是互相建构的。一方面，设计师应采取柔性劝导技术规训人的行为，使其在使用环境的过程中不自觉地践行社会义务；另一方面，居民不应该仅仅被动使用环境，而应广泛参与到环境构想和设计之中。设计师、环境规划部门行政人员、居民等应共同讨论设计方案，环境系统内嵌公共价值，可塑造居民的道德行为。

参考文献

[1] 埃德蒙德·胡塞尔 . 欧洲科学危机和超验现象学 [M]. 张庆熊，译 . 上海：上海译文出版社，2005.

[2] 彼得·科斯洛夫斯基 . 伦理经济学原理 [M]. 孙瑜，译 . 北京：中国社会科学出版社，1997.

[3] 汉娜·阿伦特 . 人的条件 [M]. 竺乾威，等，译 . 上海：上海人民出版社，1999.

[4] 汉斯·约纳斯 . 技术、医学与伦理学：责任原理的实践 [M]. 张荣，译 . 上海：上海译文出版社，2008.

[5] 赫伯特·马尔库塞 . 单向度的人：发达工业社会意识形态研究 [M]. 刘继，译 . 上海：上海译文出版社，1968.

[6] 卡斯滕·哈里斯 . 建筑的伦理功能 [M]. 申嘉，陈朝晖，译 . 北京：华夏出版社，2001.

[7] 马丁·海德格尔 . 艺术作品的本源 [M]. 北京：生活·读书·新知三联书店，1996.

[8] 沃尔冈·韦尔施 . 重构美学 [M]. 陆扬，等，译 . 上海：上海译文出版社，2005.

[9] 伊曼努尔·康德 . 判断力批判 [M]. 蓝公武，译 . 北京：商务印书馆，1964.

[10] 伊曼努尔·康德 . 实践理性批判 [M]. 邓晓芒，译 . 北京：人民出版社，2004.

[11] 勒·柯布西耶 . 走向新建筑 [M]. 陈志华，译 . 西安：陕西师范大学出版社，2004.

[12] 亚里士多德 . 政治学 [M]. 吴寿彭，译 . 北京：商务印书馆，1965.

[13] 查尔斯·泰勒 . 自我根源：现代认同的形成 [M]. 韩震，等，译 . 南京：译林出版社，2001.

[14] 阿尔温·托夫勒 . 未来的震荡 [M]. 任小明，译 . 成都：四川人民出版社，1985.

[15] 丹尼尔·贝尔 . 资本主义文化矛盾 [M]. 赵一凡，等，译 . 北京：生活·读书·新知三联书店，1989.

[16] 哈里斯，普里查德，雷宾斯 . 工程伦理：概念与案例 [M]. 丛杭青，等，译 . 北京：北京理工大学出版社，2006.

[17] 南·艾琳 . 后现代主义城市 [M]. 张冠增，译 . 上海：同济大学出版社，2007.

[18] 乔纳森·巴奈特 . 开放的都市设计程序 [M]. 舒达恩，译. 台北：尚林出版社，1978.

[19] 斯蒂芬·贝利·菲利普·加纳 . 20 世纪风格与设计 [M]. 罗筠筠，译 . 成都：四川人民出版社，2000.

[20] 维克多·帕帕奈克 . 绿色律令：设计与建筑中的生态学和伦理学 [M]. 周博，译 . 北京：中信出版社，2013.

[21] 维克多·帕帕奈克 . 为真实的世界而设计 [M]. 周博，译 . 北京：中信出版社，2012.

[22] 约翰·杜威，詹姆斯·H. 塔夫斯 . 伦理学 [M]. 方永，译 . 北京：商务印书馆，2019.

[23] 约翰·罗尔斯 . 正义论 [M]. 何怀宏，等，译 . 北京：中国社会科学出版社，1988.

[24] 巴里·W. 斯塔克，约翰·O. 西蒙兹 . 景观设计学——场地规划与设计手册 [M]. 朱强，俞孔

坚，等，译 . 北京：中国建筑工业出版社，2000.

[25] 克里斯蒂安・诺伯格－舒尔茨 . 西方建筑的意义 [M]. 王贵祥，译 . 北京：中国建筑工业出版社，2005.

[26] 克里斯蒂安・诺伯格－舒尔茨 . 场所精神：迈向建筑现象学 [M]. 施植明，译 . 武汉：华中科技大学出版社，2010.

[27] 原研哉 . 设计中的设计 [M]. 朱锷，译 . 济南：山东人民出版社，2006.

[28] 早川和男 . 居住福利论：居住环境在社会福利和人类幸福中的意义 [M]. 李桓，译 . 北京：中国建筑工业出版社，2005.

[29] 希格弗莱德・吉迪翁 . 空间・时间・建筑：一个新传统的成长 [M]. 王锦堂，译 . 武汉：华中科技大学出版社，2013.

[30] 莱昂・巴蒂斯塔・阿尔伯蒂 . 建筑论：阿尔伯蒂建筑十书 [M]. 王贵祥，译 . 北京：中国建筑工业出版社，2010.

[31] H.D.F. 基托 . 希腊人 [M]. 徐卫翔，黄韬，译 . 上海：上海人民出版社，2006.

[32] 埃比尼泽・霍华德 . 明日的田园城市 [M]. 金经元，译 . 北京：商务印书馆，2000.

[33] 伯纳德・鲍桑葵 . 美学史 [M]. 张今，译 . 桂林：广西师范大学出版社，2009.

[34] 赫伯特・斯宾塞 . 社会静力学 [M]. 张雄武，译 . 北京：商务印书馆，1996.

[35] 伊恩・伦诺克斯・麦克哈格 . 设计结合自然 [M]. 芮经纬，译 . 天津：天津大学出版社，2006.

[36] 约翰・拉斯金 . 建筑的七盏明灯 [M]. 张磷，译 . 济南：山东画报出版社，2006.

[37] 包亚明 . 都市与文化：第 1 辑：后现代性与地理学的政治 [M]. 上海：上海教育出版社，2001.

[38] 曹刚 . 美好生活与至善论 [J]. 伦理学研究，2019（2）.

[39] 巢峰 . 简明马克思主义词典 [M]. 上海：上海辞书出版社，1990.

[40] 陈百明 . 何谓生态环境 [J]. 中国环境报，2012（10）.

[41] 陈鼓应 . 庄子今注今译 [M]. 北京：中华书局，1983.

[42] 陈英旭 . 环境学 [M]. 北京：中国环境科学出版社，2001.

[43] 陈喆 . 建筑伦理学概论 [M]. 北京：中国电子出版社，2007.

[44] 陈忠 . 空间生产的权利黏性及其综合调适 [J]. 哲学研究，2018（10）.

[45] 程东峰 . 责任伦理导论 [M]. 北京：人民出版社，2010.

[46] 崔笑声 . 消费文化时代的室内设计研究 [D]. 北京：中央美术学院，2006.

[47] 樊浩 . 公共物品与社会至善 [J]. 武汉大学学报，2019（3）.

[48] 方可 . 当代北京旧城更新：调查・研究・探索 [M]. 北京：中国建筑工业出版社，2000.

[49] 高洁 . 伦理与秩序：空间规划改革的价值导向思考 [J]. 城市发展研究，2018.

[50] 古天龙，马露，李龙，等 . 符合伦理的人工智能应用的价值敏感设计：现状与展望 [J]. 智能系统学报，2022，17（1）.

[51] 管小其 . 中世纪美学中"光"的象征及其宗教意蕴 [D]. 哈尔滨：黑龙江大学，2007.

[52] 何小青 . 消费伦理研究 [M]. 上海：生活・读书・新知三联书店，2007.

[53] 洪亮平 . 城市设计的历程 [M]. 北京：中国建筑工业出版社，2002.

[54] 胡大平 . 通向伦理的空间 [J]. 道德与文明，2019（2）.

[55] 季松，段进 . 空间的消费：消费文化视野下城市发展新途径 [M]. 南京：东南大学出版社，

2012.
[56] 李世新 . 工程伦理学概论 [M]. 北京：中国社会科学出版社，2008.
[57] 李向锋 . 寻求建筑的伦理话语 [M]. 南京：东南大学出版社，2013.
[58] 李砚祖 . 扩展的符号与设计消费的社会学 [J]. 南京艺术学院学报（美术与设计版），2007（4）.
[59] 李砚祖 . 设计的消费文化学视点 [J]. 设计艺术，2006（4）.
[60] 李志刚，张京祥 . 调解社会空间分异，实现城市规划对“弱势群体”的关怀：对悉尼 UFP 报告的借鉴 [J]. 国外城市规划，2004，19（6）.
[61] 刘敏 . 绿色消费与绿色营销 [M]. 北京：光明日报出版社，2004.
[62] 刘乃和 .《资治通鉴》丛论 [M]. 郑州：河南人民出版社，1985.
[63] 马明华 . 消费社会视角下的当代中国建筑创作研究 [D]. 广州：华南理工大学，2012.
[64] 庞元正 . 怎样理解社会主义和谐社会是公平正义的社会 [N]. 人民日报，2005-06-02（第 9 版）.
[65] 秦红岭 . 城市规划：一种伦理学批判 [M]. 北京：中国建筑工业出版社，2010.
[66] 任平 . 空间的正义：当代中国可持续城市化的基本走向 [J]. 城市发展研究，2006，13（5）.
[67] 苏振民，林炳耀 . 城市居住空间分异控制：居住模式与公共政策 [J]. 城市规划，2007，31（2）.
[68] 孙斌栋，刘学良 . 美国混合居住政策及其效应的研究述评：兼论对我国经济适用房和廉租房规划建设的启示 [J]. 城市规划学刊，2009（1）.
[69] 孙家正 . 文化与人生 [N]. 中国艺术报，2011-05-13[2023-07-11].
[70] 孙景浩 . 中国民居风水 [M]. 上海：生活・读书・新知三联书店，2005.
[71] 万俊人 . 现代西方伦理学史 [M]. 北京：中国人民大学出版社，2011.
[72] 王弼 . 周易注疏 [M]. 上海：上海古籍出版社，1989.
[73] 王露璐 . 新乡土伦理：社会转型期的中国乡村伦理问题研究 [M]. 北京：人民出版社，2016.
[74] 王宁 . 消费社会学：一个分析的视角 [M]. 北京：社会科学文献出版社，2001.
[75] 王受之 . 世界平面设计史 [M]. 北京：中国青年出版社，2002.
[76] 王筱卉，朱力 . 话语失序与乡村聚落空间重构研究 [J]. 湘潭大学学报（哲学社会科学版），2019，43（6）.
[77] 刑贲思 . 费尔巴哈的人本主义 [M]. 上海：上海人民出版社，1981.
[78] 俞孔坚，李迪华，吉庆萍 . 景观与城市的生态设计：概念与原理 [J]. 中国园林，2001（6）.
[79] 张黎 . 消费与设计价值论 [J]. 南京艺术学院学报（美术与设计版），2009（3）.
[80] 张孟常 . 设计概论新编 [M]. 上海：上海人民美术出版社，2009.
[81] 张雪筠 . 城市的空间和谐与社会和谐 [J]. 城市，2007（1）.
[82] 章海荣 . 生态伦理与生态美学 [M]. 上海：复旦大学出版社，2006.
[83] 章利国 . 现代设计社会学 [M]. 长沙：湖南科学技术出版社，2005.
[84] 赵敦华 . 西方哲学简史 [M]. 北京：北京大学出版社，2001.
[85] 赵伟军 . 伦理与价值：现代设计若干问题的再思考 [M]. 合肥：合肥工业大学出版社，2010.
[86] 赵晓婉，朱力 . 艺术德育再审思：对艺术德育合理性的思考 [J]. 现代大学教育，2022，38（4）.
[87] 郑时龄 . 建筑批评学 [M]. 北京：中国建筑工业出版社，2008.

[88] 周浩明 . 可持续室内环境设计理论 [M]. 北京：中国建筑工业出版社，2011.
[89] 周进 . 城市公共空间建设的规划控制与引导 [M]. 北京：中国建筑工业出版社，2005.
[90] 周恺 . 国外乡村空间正义理论的实证研究 [A]// 中国城市规划学会 . 活力城乡美好人居——2019 中国城市规划年会论文集 . 北京：中国建筑工业出版社，2019.
[91] 朱力 . 商业环境设计 [M]. 北京：高等教育出版社，2008.
[92] 朱力 . 非线性空间艺术设计 [M]. 长沙：湖南美术出版社，2008.
[93] 朱力 . 中国传统村落实证研究：高椅村 [M]. 长沙：中南大学出版社，2019.
[94] 朱力 . 中国明代住宅室内设计思想研究 [M]. 北京：中国建筑工业出版社，2008.
[95] 朱力，梅君艳 . 环境伦理视野下的老年公寓外环境设计研究 [J]. 中国房地产业，2013（1）.
[96] 朱力，梅君艳 . 友好型环境的设计伦理与设计师的社会责任研究 [J]. 城市建设理论研究，2013（1）.
[97] 朱力，王筱卉 . 乡村视听审美的生态沉思 [J]. 湖南大学学报（社会科学版），2019，33（3）.
[98] 朱力，张嘉欣 . 把乡村旅游做大做强 [N]. 人民日报（理论版），2019.
[99] 朱力，张嘉欣 . 高椅古村人居环境生态管理探析 [J]. 装饰，2019（11）.
[100] 朱力，张嘉欣 . 价值的回归：乡村营造的伦理思考 [J]. 湘潭大学学报（哲学社会科学版），2019，43（6）.
[101] 朱力，张楠 .“广场舞之争”背后的公共空间设计伦理辨析 [J]. 装饰，2016（3）.
[102] 朱力，张楠 . 城市规划应重视步行者视角 [N]. 人民日报，2016（7）.
[103] 朱力，张楠 . 城市环境设计伦理的维度研究 [J]. 求索，2016（4）.
[104] 朱力，张又方 . 设计伦理之维：环境设计独创性的新视角 [C]// 全国环境艺术设计大展暨论坛 . 中国美术家协会，深圳大学，2008（5）.
[105] 朱力，张又方 . 生活方式与环境伦理：文人居住生活中的自然审美意识 [J]. 学术界，2008（3）.
[106] 朱力，赵晓婉 . 为民生而设计：城市公共空间设计的思考 [J]. 美术观察，2016（5）.
[107] 朱力，张旎 . 传统村落“蔽护型”景观遗产空间结构研究 [J]. 中外建筑，2023（1）.
[108] 朱力 . 场依存・空间・文化心理：中国传统室内空间认知方式浅析 [J]. 家具与室内装饰，2007（5）.
[109] 朱力 . 城市环境："视觉奇观" or "生活场所"?[J]. 创作与评论，2016（18）.
[110] 朱力 . 己所欲 亦勿施于人：从空间原认知谈起 [C]// 全国环境艺术设计大展暨论坛 . 中国美术家协会，2006（5）.
[111] 朱力 . 建造不能承受之“轻”：关于中国当代建筑设计的形式与象征 [J]. 美苑，2007（2）.
[112] 朱力 . 流动的真实：当代环境艺术的非物质化倾向 [J]. 艺术评论，2007（7）.
[113] 朱力 . 设计事小 面子事大 [J]. 美术观察，2007（4）.
[114] 朱力 . 水至清则无鱼：从原认知到空间的模糊性 [J]. 艺术教育，2007（8）.
[115] 朱力 . 线・框架・文化心理：论中国传统空间设计的认知模式 [J]. 装饰，2007（11）.
[116] 朱力 . 野渡无人舟自横：对中国环境和室内设计的若干忧思 [J]. 美术观察，2003（12）.
[117] 朱力 . 中国传统人居思想中的生态伦理观念 [J]. 求索，2008（6）.
[118] 朱力 . 中国当代城市环境的伦理批评 [J]. 湖南师范大学社会科学学报，2008（4）.
[119] 朱勤 . 米切姆工程设计伦理思想评析 [J]. 道德与文明，2009（1）.
[120] ASAMI Y. Residential environment method and theory for evaluation[M]. Tokyo：University of Tokyo

Press, 2001.

[121] AXEL H. The struggle for recognition[M]// The moral grammar of social conflicts. Trans. JOEL A. Cambridge: The MIT Press, 1996.

[122] DAVID H. Justice, nature and the geography of difference[M]. Oxford: Blackwell, 1996.

[123] DAVID H. Spaces of capital: towards a critical geography[M]. New York: Edinburgh University Press, 2001.

[124] EDWARD W. S. Seeking spatial justice[M]. Minneapolis: University of Minnesota Press, 2010.

[125] FREDRIC J. Postmodernism, or, the cultural logic of late capitalism[M]. Durham: Duke University Press, 1991.

[126] HAHLWEG D. The city as a family[M]. // LENNARD S H, UNGERN-STERNBERG von S, LENNARD HL. Making cities livable. [S]: Gondolier Press, 1997.

[127] HENRI L. Critique of everyday life: VolumeIII. Trans. GREGORY E, London: Verso, 2005.

[128] HENRI L. The production of space[M]. Trans. DONALD N S. Malden: Blackwell, 1991.

[129] IRIS M Y. Justice and the politics of difference. Princeton: Princeton University Press, 1990.

[130] ZHANG J X, ZHU L. Rural design ethics based on four dimensions[M]//IOP Conference series: earth and environmental science. IOP Publishing, 2017, 104 (1).

[131] LENNARD H L. Principles for the eivable city[C] // LENNARD S H, UNGERN-STERNBERG von S, LENNARD H L. Making cities livable. [S]: Gondolier Press, 1997.

[132] ZHU L, ZHANG N, QING X Y. Parametric design of outdoor broadcasting studio based on schema theory[J]. EDP Sciences, 2016: 82.

[133] ZHU L, ZHANG N, QING X Y. Research on algorithm schema of parametric architecture design based on schema theory[C]//First international conference on information sciences, machinery, materials and energy. [S]: Atlantis Press, 2015.

[134] MICHAEL J D. The postmodern urban condition[M]. Oxford: Blackwell, 2001.

[135] MICHEL F. Of other space[J]. Diacritics, 1986 (1).

[136] NICK G. Introduction to rural planning[M]. New York: Routledge Press, 2015.

[137] SALZANO E. Seven aims for the livable city[C] // LENNARD S H, UNGERN-STERNBERG von S, LENNARD H L. Making cities livable. [S]: Gondolier Press, 1997.

[138] WANG X K, ZHU L, LI J, et al. Architectural continuity assessment of rural settlement houses: a systematic literature review[J]. Land, 2023, 12(7).

[139] TANG Y, ZHU L, LI J, et al. Assessment of perceived factors of road safety in rural left-behind children's independent travel: a case study in Changsha, China[J]. Sustainability, 2023, 15 (13).

致　谢

本书的写作，缘起于二十多年前在中央美术学院求学时的思考。当时的“环境艺术设计”专业如火如荼，而本人又有幸拜在环境设计奠基人张绮曼教授门下攻读博士学位，对这个领域格外关注。当了解到环境设计是地地道道的中国学派、东方伦理智慧时，更是倍加珍爱，从此，对环境设计中的伦理意蕴展开了长期的探究。

本书的完成首先要衷心地感谢引领我步入环境设计之门的张绮曼教授，导师对环境意识的解读给了我莫大的启示，也将其精要嵌入了本书中。

同时，需特别感谢左高山教授在我研究过程中对理解“空间正义”的指导与无私帮助，以及胡彬彬教授在地域文化保护与村落环境设计伦理方面给予我的指导与帮助。

还要感谢410工作室的张旎、唐粤、孙依林、王效康等博士生的鼎力帮助。

最后，必须感谢家人的无私奉献与支持。

朱　力

2023年6月于长沙岳麓山